尽 善 尽 美  弗 求 弗 迪

和爱因斯坦一起吵个架

一起吵个架

了不起的物理思想进化史

扈悦海

著

电子工业出版社
Publishing House of Electronics Industry
北京·BEIJING

图书在版编目（CIP）数据

和爱因斯坦一起吵个架：了不起的物理思想进化史 / 扈悦海著. 一北京：电子工业出版社，2024.1

ISBN 978-7-121-46567-3

Ⅰ.①和… Ⅱ.①扈… Ⅲ.①物理学 – 普及读物 Ⅳ.① O4-49

中国国家版本馆 CIP 数据核字（2023）第 204176 号

责任编辑：黄益聪

印　　刷：三河市鑫金马印装有限公司

装　　订：三河市鑫金马印装有限公司

出版发行：电子工业出版社

　　　　　北京市海淀区万寿路 173 信箱　　邮编：100036

开　　本：720×1000　1/16　印张：14.25　字数：232 千字

版　　次：2024 年 1 月第 1 版

印　　次：2024 年 1 月第 1 次印刷

定　　价：59.00 元

凡所购买电子工业出版社图书有缺损问题，请向购买书店调换。若书店售缺，请与本社发行部联系，联系及邮购电话：（010）88254888，88258888。

质量投诉请发邮件至 zlts@phei.com.cn，盗版侵权举报请发邮件至 dbqq@phei.com.cn。

本书咨询联系方式：（010）68161512，meidipub@phei.com.cn。

推荐序

　　自伽利略、牛顿起，物理学家们开始大量使用数学工具并有目的地进行实验，从而逐渐形成了一套行之有效的物理学研究方法，进而带来了现代经典物理学的快速进步。而后惠更斯、法拉第等众多闪耀人类文明的科学家投入毕生心血，历经300多年，一砖一瓦地搭建起了经典物理学大厦，物理学看起来似乎已经至臻至美。可物理学的故事远没有结束，大厦落成的一刻，为我们所熟知的"两朵乌云"随即飘过天空。进入20世纪后，由于对微观世界物理规律的研究以及对时空观的不断重新思考，科学家们开始提出新的理论，进而带来许多重大的科学发现和技术创新，推动了人类对世界的进一步认识和改造。在这个过程中，物理学巨星云集，无数的科学巨匠走上历史舞台，智慧的思想不断碰撞，相对论、量子力学、弱电统一理论、弦理论等众多创造性的理论应运而生。作者深入浅出地介绍了这些理论的产生与发展过程，也介绍了如多维空间、平行宇宙等大众在科幻作品中经常看到而不甚理解的名词的物理背景。

　　在宇宙学和基本粒子的研究中，无穷大与无穷小有了和谐的统一：最大尺度与最小尺度的连接，"如同一条蛇咬住了自己的尾巴"。几百年的物理发展史，蕴含着简洁而又深刻的哲学原理和科学思维方法，一直以来都是众多科普作者乐于和广大读者分享的。但纵观目前已出版的相关读物，大多有所缺憾，容易走向两个极端：或是为满足普通大众阅读需求，去掉了所有数学推导与分析，将这段科学发展史作为故事讲给大众，不利于读者真正体会到物理学家探索的思路和智慧；另一类作品则是为了尽善尽美地完成数学上的推导，花费主要篇幅推导公式，但因其数学上的艰深，将非专业人士挡在了物理学智慧的殿堂之外，窥不见门径。

因此，扈悦海先生的这部科普作品从一个非常独特的视角切入，折中处理了数学难度和理解难度，做到了二者兼顾——以通俗易懂的语言和适当的数学推理帮助读者更多地了解这段科学史的细节，如此方能更好地品味物理学家思想的光辉。

作者行文流畅，文字功底扎实，体现出了作者良好的国学功底，加上作者扎实的理科背景，使本书内容读起来非常流畅。全书介绍了近 200 年物理学的发展历史，阐释了部分重要理论的物理思想并适当加入了数学推导，帮助读者详细了解近代物理学的基本概念和理论体系，同时构建了对现代物理学发展的全面认识。本书分为 11 章，每一章都介绍了一个或多个重要的物理定理或理论。本书适合有一定数学物理基础的读者，包括中学生和非物理专业的大学生以及广大物理爱好者们。希望本书能够引起读者对物理学的兴趣，并激发读者进一步探索物理学的热情。同时，也希望本书能够为想要深入了解物理学的读者提供一个全面而又深入的参考资料。

癸卯年仲夏于北京

胡继超

作者序

很久以前，人们认为大地是平坦的，天空像透明的盖子笼罩四野，月亮与星辰是天球上点缀的天火。古人对世界的认知是浪漫的，他们基于能够观察的自然现象得出许多朴素的结论，更进一步，古人便想象出了形象生动的神话故事。东方人认为云霄之外还有天庭，那里住着许多神仙，凡人通过修行，有机会成为神仙的一员；在西方人的想象中，大地之上有座奥林匹斯山，那里住着包括宙斯在内的诸神。像人类一样，神的世界也存在纷争，会发生诸神之战。

近代以来，自然科学突飞猛进，理论与实验相互配合打出力量惊人的"组合拳"，一层层剥开大自然的迷雾。在微观层面，从细胞到分子，从原子到电子，从质子、中子到夸克，科学的触角慢慢趋近大自然底层的结构。在宏观层面，人们的视野离开地球，探索太阳系、银河系甚至整个宇宙，向大尺度进发，逐步弄明白宇宙创生的原理。

人类对大自然的探索是恢宏的，取得了诸多伟大成就，揭示了许多隐藏在深处的自然奥秘，诞生了牛顿、爱因斯坦、伽利略等一众泰山北斗。地球不过是浩瀚宇宙中的一粒沙尘，地球上的人类却把认知边界推向宇宙深处。不得不说，人类这个物种很了不起。

今天，最精密的仪器最多观察到夸克的结构，再往下就不得而知了。而在宏观层面，宇宙边界之外是什么？宇宙大爆炸之前是什么图景？这些终极问题仍然列在科学家的"任务列表"里，有待未来的人们去研究。另外，当科学家向微观、宏观的极致不断推进时，忽然感觉"尺度"未必是破解大自然真相唯一的钥匙。换言之，就算解开夸克的谜题或者了解到可见宇宙之外的图景，也解答不了所有问题。实际上，大自然的真相可能跟"数字"有关，归根结底，一切现象都与"零"密不可分。

本书尝试以简单易懂的语言，向读者展示科学家眼中的世界。在这个过程中，雪花、蝴蝶、奔腾的河流、光、沙粒这些寻常可见的物质，将呈现出另一番样貌。随着讨论的深入，我们将进入现代科学最艰深的领域，在那里，大自然会展现出摄人心魄的美景。

不同于国内外物理学科普读物，本书在注重趣味性的同时，尽力讲深讲透科学原理。在抛开不必要的公式与计算的情况下，许多物理原理深刻而简洁，如相对性原理、不确定性原理、对称性原理等，这些原理更多体现出人类对大自然的哲思，并不需要太过高深的基础知识就能理解。

最后，需要感谢每一位读者花时间阅读本书。因笔者的水平有限，某些问题的阐述有可能存在遗漏甚至错误，如读者发现文中存在纰漏，欢迎来信指导和交流。

C O N T E N T S

目录

第7章 和海森堡一起转圈圈：
针尖里的大世界

第8章 和伽罗华决斗：
对称之美

第9章 和希格斯一起赴宴：
质量之谜

第 10 章　和欧拉一起听宇宙交响乐：
跃动的弦

第 11 章　和阿兰·古斯一起看星空：
真空的奥秘

结语

第 1 章

和卢瑟福一起吃早餐：

一个面包引发的物质结构思考

1.1 面包早餐

汤姆逊是一所理工类大学的一年级新生。

刚来学校时，汤姆逊非常兴奋，他读的是物理专业，希望通过四年的学习深入了解大自然的奥秘。大学校园绿树成荫、花草环绕，有上百年历史的教学大楼刚刷了新漆，在阳光照射下熠熠生辉，仿佛在里面上课的学生都能够吸收和继承几百年来人类的智慧，并且进一步发扬光大。

大一课程安排得很满，白天上课、晚上自习。汤姆逊每天八点左右起床，八点半上课，留给他洗漱和吃早餐的时间不多。为了节省时间，他会快速吃下面包，解决肚子饿的问题。汤姆逊大口大口地吃，很快就饱了，他没有细品面包的味道，也没有想过面包是怎样给自己提供能量的。

面包是典型的以碳水化合物为主要成分的食物，后者顾名思义，由碳元素C、氢元素H、氧元素O构成。碳水化合物吃下肚后，在各种酶的作用下转化为葡萄糖，然后通过缓慢的氧化反应不断释放能量。一个200克左右的面包可以提供约500大卡的热量，足以支撑成年人小半天的能量需要，如图1-1所示。

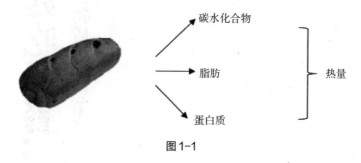

图1-1

看起来分量十足的面包，其内部结构到底是什么样的呢？为了看清楚面包的真实模样，我们得深入到原子层面。

1.2 体育场与小蚂蚁

你知道吗？如果把原子比作一个体育场，那么原子核所占的体积仅仅相当于一只小蚂蚁那么大。

1.2.1　空空的原子

1908 年，英国物理学家卢瑟福做了人类历史上最美的物理学实验之一：α 粒子散射实验，由此打开了微观世界之门。

α 粒子是由两个中子和两个质子构成的粒子。卢瑟福用高速 α 粒子轰击薄薄的金箔（厚度仅为微米级），并记录观测结果。通过实验，卢瑟福发现大部分 α 粒子径直穿过了金箔，但也有极少数 α 粒子发生了 90° 以上的偏转，如图 1-2 所示。经过计算，大约有 1/8000 的 α 粒子发生了大角度偏转。

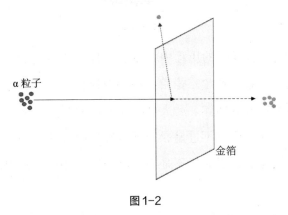

α 粒子

金箔

图 1-2

这个过程有点像过去人们筛米。人们总担心买来的大米有沙砾，于是将大米倒在簸子里，使劲地摇来摇去，最后沙砾成功穿过了簸子，大米则保留了下来。簸子远远看去是一个完整的物体，但靠近就会发现它有许多空洞，可以让沙砾顺利通过。

把 α 粒子想象成一堆大米，把金箔想象成簸子，会发现绝大多数 α 粒子径直通过金箔，毫不费劲，仅有极少数 α 粒子被挡住了。

卢瑟福实验说明：

（1）金箔不是密不透风的结构，其微观结构有大量的空隙。

（2）金箔里存在一些穿不透的物质，但体积占比非常小。

根据实验结果，卢瑟福提出了著名的原子行星模型，即金箔由原子构成，原子进一步由电子围绕原子核运动，原子的内部图景如同行星围绕恒星运转，如图 1-3 所示。由于原子核仅占很小的体积，因此绝大多数 α 粒子能够直接穿过，极少数则撞到原子核，并被反弹了回来。卢瑟福实验认为原子核是"致密的"，α粒子难以穿透，原子中的其他空间则非常空旷，α粒子可以轻易穿过。

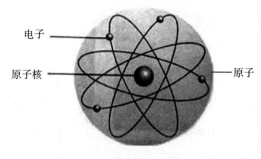

电子

原子核　　　　　　　　　　　　　　　原子

图1-3

在人类对物质结构探索的历程中，原子一直被认为是最基础的结构，犹如建造房屋的砖瓦。古希腊科学家德谟克利特曾提出原子论：原子是构成一切物质的基础，是不可再分的实体。后人延续原子论的观点，一直坚持原子的不可再分性，认为不同的物质只不过是原子进行排列组合的结果。但原子行星模型可谓打破了固有认知，原子非但不是密不可分的，相反，其内部结构近乎空空如也！

整个原子内部99.99%的空间都是空的。原子作为地球上几乎所有物质的基本结构，其空旷的内部结构适用于几乎所有人们能够看到的物体。比如汤姆逊吃的早餐面包，喝下的水，从原子角度来看，大部分体积都是空空荡荡的，如图1-4所示。

汤姆逊吃下的面包　　　　　　　　仅保留原子核的面包

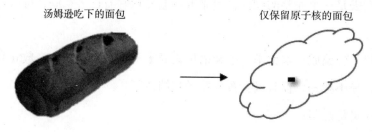

图1-4

既然原子内部如此空旷，那么两个皮球相撞为何不会互相穿过呢？那是因为皮球的原子之间有化学键连接构成了分子，且分子之间还有范德华力连接，最终组成了网状的物体。两个皮球相撞类似于两张网碰到一起，各自都无法穿越对方，如图1-5所示。

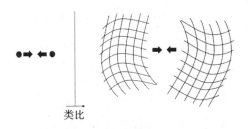

类比

图 1-5

如果用 α 粒子那样的高能粒子来撞击皮球，那么大概率就能够成功穿过了。宇宙中有一种幽灵粒子——中微子，当中微子造访地球时，会轻而易举地穿过这个星球，仿佛地球根本不存在一般。中微子之所以能穿越地球，原因就是构成地球的各种原子，其内部基本是空的。

1.2.2　空空的原子核

20 世纪 30 年代之前，人们认为原子核是"致密的""不可再分的"。然而，实验技术的进步使科学家们发现原子核仍然可以细分。如果把原子比喻成体育场，那么里面的小蚂蚁——原子核，仍然具有细微结构，它进一步由质子与中子构成。到了 20 世纪 60 年代，科学家们进一步认识到质子、中子是由夸克构成的。如图 1-6 所示。

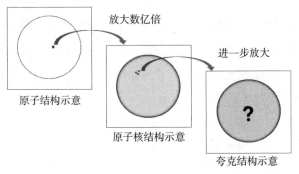

放大数亿倍

进一步放大

原子结构示意

原子核结构示意

夸克结构示意

图 1-6

根据测定，夸克的直径大约为 10^{-18} 米，其体积仅约为质子、中子的十亿分之一。可以说，质子与中子的内部也是空空的！

虽然夸克已经小到无法用语言形容，但毕竟 10^{-18} 米相比普朗克尺度的 10^{-35} 米还有巨大的差距，相信随着技术的进步，人们将发现比夸克更加微小的物质。

无论夸克之下是否还有更精细的结构，目前为止的观测已经充分说明了一点，那就是原子内部是空空荡荡的，构成原子核的质子、中子内部也是空空荡荡的，构成夸克的内部结构也可能是空空荡荡的。

探寻物质微观结构的过程有点像探案，一开始侦探认定了某位"凶手"，结果发现所谓的"凶手"是无辜的，还有更具嫌疑的人员；再往后，新的嫌疑人也被证明不是"凶手"，还有更可疑的。直到今天，科学家们仍然没有找到物质最最基础的构成。

回顾汤姆逊吃的早餐，看起来仿佛大口吃下了面包，但刨去空空荡荡的原子空间，从原子核的角度来看，吃下的体积不到 0.001%；从更微观的角度来看，对应的体积更是可以忽略不计。这么说起来，汤姆逊真的吃到东西了吗？

1.2.3　空空的宇宙

离开原子的"行星结构"，把视野扩大，去观察真正的行星结构（如我们的太阳系），会发现关键词仍然是"空旷"。

太阳系直径超过一光年，光线从一端穿到另一端需要花费超过一年的时间，换算成千米就是 9.46 万亿千米，这是个惊人的距离。1977 年从地球出发的旅行者 1 号探测器，用了 40 多年的时间也仅仅飞到八大行星的边缘，还没有飞入太阳系外层的奥尔特星云。据估计，旅行者 1 号还需要花费三万年的时间才能离开太阳系。在我们眼中，太阳是个庞然大物，可以容纳 130 万个地球，但相比整个太阳系，太阳本身的体积就微不足道了，如图 1-7 所示。如果把我们的星系比作一个苹果，那么太阳将比一个细胞还要小。

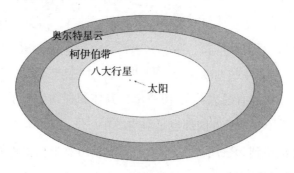

图 1-7

与太阳最近的恒星是比邻星，距离太阳 4.22 光年，也就是大概 40 万亿千米。坐飞机从地球出发，需要约 500 万年才能到比邻星。如果乘坐太空飞行器，也需要将近 10 万年的时间才能到达。在如此遥远的两颗恒星间，绝大部分空间是非常空旷的。

接下来让我们把视野扩大到银河系。银河系的直径有 10 万光年。夏季夜晚可以用肉眼看到整个银河系的截面，这是由千亿颗恒星组成的巨大系统。远远看去，银河系似乎装满了天体，但仔细观察会发现，银河系的星体密度非常低，不同恒星之间的距离从几光年到几十光年不等。

仙女星系是离银河系最近的星系（矮星系除外），两者相距 250 万光年，如图 1-8 所示。根据科学家们的观测，银河系与仙女星系目前正在相互靠近，预计约 40 亿年后将会发生星系相撞事件。有人担心银河系与仙女星系相撞会把星球撞毁，实际上这种担心是多余的。两个星系的天体密度都非常低，届时天体相撞的概率会低到可以忽略不计。

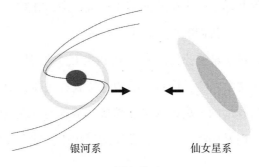

银河系　　　　　仙女星系

图 1-8

银河系、仙女星系及其他 30 ～ 50 个星系共同组成了"本星系群"，其直径大约是 350 万光年。本星系群在可见宇宙里微不足道，后者的直径大约是 930 亿光年。而在可见范围之外，还有超乎想象的巨大空间。目前人类观测到的最远的天文事件是距离地球约 130 亿光年处传来的伽马射线暴，这组宇宙射线经历了遥远的距离和漫长的时间才被地球上的人类观测到，主要原因就是宇宙非常空旷，伽马射线暴的路径并没有被遮挡。

宇宙浩瀚无边，绝大部分区域都是漆黑一片的真空，那里温度接近绝对零度，物质密度低到每立方米仅有 1 ～ 2 个原子。我们的宇宙并非想象中的那般热闹，如果真有机会深入太空，将会发现静谧、漆黑、空空荡荡才是真正的主题。

1.3 从零出发，归结于零

宇宙看起来繁花似锦，但实际上很稀疏，一束光线可以毫不费力地从百亿光年远的星球穿过浩瀚空间来到地球，中间几乎没有遮挡；从微观层面上讲，人类肉眼观测到的物体实际上由更小的结构组成。当研究微小结构时，科学家惊奇地发现微观世界也极为稀疏，到目前为止都没有发现所谓密不可分的"实体"。

从古希腊的德谟克里特开始，人们苦苦搜寻物质的最基础结构，就是想证明客观世界是实实在在的，从而取得心理上的踏实感。好比搭积木，大自然可以用一些密不可分的、实实在在的小积木，一点一点搭建出恢宏的结构，哪怕积木再小，从心底里也容易接受这样一种现实。但随着近代以来科学的发展，人们所得知的事实仿佛正在违背先哲的夙愿，新的科学发现不仅没有找到实体结构，反而越发指向另一个结果，那就是根本没有所谓的实体。

如果我们的世界并非由密不可分的实体构成，那么在数学家眼中，最恰当的数字就是零了，换言之，我们的世界是由零构成的。

比物质构成更让科学家震惊的，来自 1929 年的大发现。

那一年，美国天文学家哈勃用自制的望远镜观察天体，他发现所有星云都在彼此远离，而且离得越远的，离去的速度越快！哈勃的发现意味着我们的宇宙并非静态的、永恒的，而是仍在一个动态发展的过程中。这个发现可谓震古烁今，颠覆了人们的认知。

此后，随着宇宙微波背景辐射的发现、氦丰度的测定，诸多证据都指向一个结果，那就是宇宙诞生于约 138 亿年前的一次大爆炸。在极短的瞬间内，大爆炸奇点释放了巨大的能量与物质，并经过不断的膨胀，最终形成了今天的世界。根据宇宙大爆炸理论，宇宙诞生于空间为零（或无限趋于零）的奇点。"零"通过大爆炸这样的方式，最终形成了浩瀚无边的世界。

如果大爆炸理论是正确的，那么一切的起点都是"零"，发展到今天看起来繁花似锦，但本质仍然是"零"，也就是说，我们的世界从零出发，归结于零。

和曼德博一起丈量海岸线…

第 2 章

自然界的自我复制

2.1 冬天窗边的雪花

2.1.1 雪花的奥秘

再有几天就是寒假了。

北方的冬天十分漫长，将近四个月的时间都在零度以下。周末早上，汤姆逊懒洋洋地睡到了九点，正准备起床去图书馆自习。他望了望窗外，本来想看看天气如何，结果不经意间注意到窗边凝结的小雪花，如图 2-1 所示。汤姆逊认真地观察了雪花的样子。一般人可能会觉得雪花的对称结构具有美感，并感叹大自然造物的鬼斧神工。但作为理工男，汤姆逊更关心雪花蕴藏的科学奥秘。

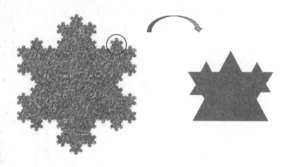

图 2-1

仔细观察后会发现，雪花整体上呈现六角形结构，然后在某一个边缘重复自己的结构，再次长出"更小"的雪花，"更小"的雪花的边缘又会再次长出"更更小"的雪花。如果雪花不断复制自身结构，无穷无尽地复制，那么雪花的边长会是多少呢？汤姆逊脑海中浮现出这样一个奇怪的问题，于是他拿起计算器，算起了雪花的边长。

假设雪花图最初是一个边长为 1 的正三角形，然后每个边会生长出边长为 1/3 的小三角形，小三角形再生长出边长为 1/9 的小小三角形，这种自我复制的过程重复无穷多遍，最终的边长组成的级数不收敛，也就是说，周长是无穷大：

$$S = \left[\left(1 \times \frac{4}{3} \right) \times \frac{4}{3} \right] \times \frac{4}{3} \cdots$$

这个发现可真了不起！

早在 20 世纪 60 年代，曼德博在《科学》杂志上抛出了一个著名的问题：英国的海岸线有多长？问题一经抛出，人们纷纷觉得这个问题很无趣，海岸线有多长，用尺子去量不就知道了吗？估计也就几千千米吧。但曼德博认为，英国的海岸线的长度是无穷大！虽然至今没人拿尺子去丈量海岸线的长度，但若参考雪花的例子，说海岸线无穷长也并非没有道理。

2.1.2　大自然的分形

无论是雪花还是海岸线，都涉及分形的概念。

大自然最简单的分形是下一级结构与上一级相同，按照 1 ：1 的比例复制，比如常见的叶子，每一片都长得大同小异，叠放在一起看着就很柔和，如图 2-2 所示。

图 2-2

复杂一些的分形是下一级结构与上一级结构有所不同，会按比例放大或者按比例缩小。

比如黄金螺旋线，大正方形按照 0.618 的黄金分割比复制成小正方形，一级级往下。将对角线用曲线相连，最终会形成优美的螺旋线，如图 2-3 所示。这类螺旋线在大自然中可以看到实例，如贝壳的曲线、蜗牛壳的曲线。

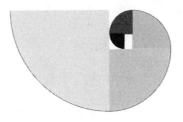

图 2-3

仔细观察大自然，会发现许许多多的生命体都在自我复制。如罗马花椰菜，它的表面由许多螺旋形的小花组成，小花以花球中心为对称轴成对排列，如图 2-4 所示。仔细观察花椰菜的小花，会发现中心的小花很小，越往外越大，而且变大的规律与著名的斐波那契数列相关。也就是按照 1, 2, 3, 5, 8, 13…这样的规律增长。

图 2-4

观察一棵冬天的枯树模型，可以看到树干长到一定高度后一分为二，此后，枝干每生长一定的高度后，就会再次一分为二。这种生长模式会重复多次，直到树枝的末梢，如图 2-5 所示。实际的树木生长会比模型复杂，但总体上能够感觉到大自然这种自我重复的过程，仿佛自我重复写进了生物的基因。不同于罗马花椰菜的逐渐变大，树木则是在自我复制的过程中逐渐变小，但两种模式都会使开头表面积极小的状态变成最后表面积极大的状态。

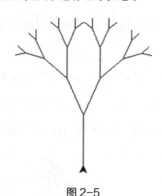

图 2-5

类似的例子还有松果、人类肺的结构、大脑神经、血管等，它们都具有自相似的结构。

不仅仅是地球上可见的各种各样的生物，宇宙中也到处可见自相似。如直径五亿光年的拉尼亚凯亚超星系团，能够看到类似于纤维束的结构，这种纤维束看起来像人脑的神经网络。在恒星系统中，行星围绕恒星旋转，其样貌与原子结构类似。

2.1.3　多彩的世界

在诗人眼里，"星垂平野阔，月涌大江流"，大自然既恬静又澎湃，既单调又丰富多彩，星星、月亮、旷野、河流融为一体，景色相宜。

在画家眼里，大自然是各种色彩、各种形状的集合体，可以用画布为运动的飞鸟与静止的农园定格，留下美好的画卷。

在数学家眼里，所有物体都可以进行高度抽象。如果把物质世界看成数字的组合，那么大自然特别像一组数列，可以用如下公式表达：

$$a_{n+1} = f(a_n)$$

上面的式子构成一组数列，其含义是用某个函数来确定数列的变化规则。当函数 $f(a_n)$ 是 1 ：1 复制的时候，就得到最简单的数列：$a_{n+1} = a_n$，即下一项与上一项相等。

这样的例子很多，如上节中提到的叶子就是 1 ：1 复制；又如，沙滩看起来连绵成片，柔软的细沙铺满海岸，特别壮观，但其实每一粒沙子都长得差不多，可以抽象成无数沙子按照 1 ：1 复制之后的集合；再如，农田种满油菜，每年四五月都会无比绚丽，成块的农田连绵数里，金黄色的油菜花在风中摇摆，吸引旅客前来观赏。毫无疑问，油菜花也是典型的 1 ：1 复制，通过大量复制形成壮观的景象。

复杂一些的数列是 $a_{n+1} = A \times a_n$，这里 A 可以大于 1，也可以小于 1，也就是下一项按照一定比例复制上一项。如雪花的例子中，A 接近于 0.33，整个结构越来越小，最终收敛的形状看起来很有美感；再如洋葱，一层层往外生长，每一层都越来越大，直到形成一颗完整的洋葱，如图 2-6 所示。

图 2-6

再复杂一些的是 $a_{n+1} = a_n + a_{n-1}$，即下一项等于上两项相加。如果头两项分别是 1, 2，那么接下来就是 3, 5, 8, 13…这个数列就是大名鼎鼎的斐波那契数列。

大自然到处可见黄金分割比，如蜗牛壳、向日葵叶子等。艺术家们会把黄金分割用在建筑物、绘画、雕塑上，如埃菲尔铁塔第二层平台位于全塔的黄金分割点上，古希腊的巴特农神庙长宽之比就是 0.618。

除了以上例子，数列还有许许多多的变体，可以囊括大部分日常事物。

到目前为止，我们看到造物主似乎有些"偷懒"，许多的物质与生命是通过自相似的过程得到的。只要有了"一"，就可以复制成复杂的结构，从而实现大自然的"一生三"（象征意义的三，主要强调数量众多）。

2.2 热带风暴

2.2.1 三体

汤姆逊的老师费恩负责天体物理课程的教学，最近讲课的内容是天体运行中的三体问题。

17 世纪，在牛顿创立经典力学后，科学家们自认为掌握了宇宙运行的全部规律，通过力学三大定律及万有引力定律，可以计算出所有天体的运动轨迹并且预测未来的运动路线。18 世纪，科学家们运用太阳系全部行星的运动观测数据，计算发现天王星运动轨迹与力学定律不符，由此预测了海王星的存在，并在不久之后真的观测到了海王星。海王星的发现被认为是经典力学的伟大胜利，即人类可以通过理论计算，指导与发现未知事物。

然而，天体运行中有一类十分特殊的问题，那就是三体问题。

距离我们太阳最近的恒星系统是南门二，它包含了三颗恒星：比邻星、南门二 A、南门二 B。其中比邻星距离太阳最近，两者仅相距 4.22 光年；南门二 A 和南门二 B 稍远一点点，和太阳相距 4.37 光年左右。这三颗恒星共同构成了三体结构，各自的轨道会受到另外两颗恒星的影响。

古代神话中，有很多颗太阳同时升起的奇观，把大地烤得焦热，后来有位英雄人物把大部分太阳都射落了，仅留下一颗陪伴地球。这样的传说在宇宙中真实存在。生活在半人马座的智慧生命（假如有的话）将看到三颗恒星轮流登上天幕的奇观，相当于每天有三颗"太阳"挂在头顶。但跟传说不一样的是，南门二的三颗恒星并不是按照顺序升起、落下的，也不是组成固定的形状（如三角形）呈现在天空中的，而是时时刻刻都在混乱地翻滚着的。

费恩教授让同学们尝试计算三体系统的运行过程。汤姆逊拿出来纸、笔开始尝试计算。假如南门二 A、南门二 B 完全固定，那么比邻星的运行规律很容易计算，如图 2-7 所示。

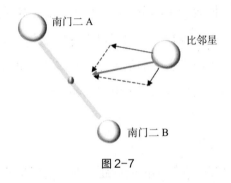

图 2-7

对比邻星进行受力分析再加上平行四边形法则，很快就能发现，它将绕着南门二 A、南门二 B 的质心做圆周运动，于是可以写出比邻星的运动方程。汤姆逊顺利迈出了第一步！

现在可以开始第二步了，那就是只有南门二 A 的位置是固定的，另外两颗星球处于"自由状态"。汤姆逊很快发现，到第二步就走不下去了，另外两颗恒星的作用力是大小和方向都会变化的量，这就复杂了，会涉及微分方程。

如果第二步先放着不管，直接看看第三步，那就是两颗恒星都不固定。这时候就全部乱套了！哪怕是计算机系的同学也算不清楚了，两个运动主体会在太空里来回翻滚，没有任何周期性可言。更关键的是，三体系统很容易受到极小扰动的影响，这种影响会使得原来的运行轨道发生翻天覆地的变化。

碰到三体问题，牛顿力学也容易晕头转向，这个体系太复杂了！

实际上，南门二并非宇宙中最复杂的体系，距离太阳 50 光年的一个位置有个叫北河二的恒星系统，由六颗恒星构成，其运行的复杂度又高了几个数量级！

好在我们的地球只有一颗卫星——月亮，如果地球有两颗以上的卫星，且卫星的质量比较大的话，那么地球的昼夜往复、春夏秋冬都可能受到比较大的影响；好在太阳的质量远远超过太阳系的八大行星，使得太阳系的运转规律可以近似地看作八个小天体绕着固定不动的恒星运转，否则太阳本身也会呈现更加复杂的运动状态，从而影响地球的温度变化；好在银河系中心有巨大无比的黑洞，否则银河系内的天体都有可能呈现混乱的运动状态，整个银河系就都乱套了！

天文学里的三体是个炙手可热的问题，系统的复杂性使得单一受力分析失效。要知道，天体的三体运动（不考虑相对论效应）适用的是经典力学，如果考察对象是原子、质子、中子等粒子，那就得用量子力学的方法求解，这种复杂性还得提高几个数量级。汤姆逊手中的量子力学教科书，讲的都是一个电子怎么怎么样，如何穿过势垒等，很少看到两个电子的相互作用分析，更别提三个粒子的相互作用分析了。

不得不说，大自然很伟大！

这些极度复杂、计算机都算不清的问题，在大自然这儿运转得优哉游哉，别说三体了，就是十体、一百体也照样运转自如。人的身体由 $10^{27} \sim 10^{28}$ 个原子组成，这么巨大的粒子综合体，是计算机用多大算力都难以算出来的系统，但在自然界中却活得有声有色，丝毫不乱。

2.2.2 教授的烟丝

讲了一堂课下来，费恩教授跑到走廊吸烟。他一边吸烟，一边思考，烟雾悄悄地升腾起来，然后弥漫在走廊上。好在通风系统不错，很快就把烟雾吹散了。

仔细观察烟雾会发现有这样的规律：一开始有章有法、丝毫不乱，许多缕烟朝着相同的方向慢慢升腾起来，能够清晰地看到其运动轨迹。但过了一小段时间后，烟就开始混乱了，不再有规律，每一缕烟都朝着不同的方向弥漫，最后变得混乱不堪，跟空气中的其他分子相融合，如图 2-8 所示。

烟雾弥漫其实在流体力学中是个非常复杂的问题，至今也没有人能够解决，这个问题就是湍流问题。

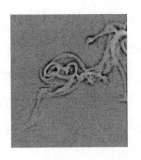

图 2-8

　　湍流是流体的一种流动状态，如图 2-9 所示，当流速很小时，流体分层流动，称为层流；随着流速逐渐增加，流体的流线开始出现波浪状的摆动，称为过渡流；当流速很大时，流线不再清楚可辨，流场中出现许多小旋涡，层流被破坏，相邻流层间不但有滑动，还有混合，这时的流体做不规则运动，有垂直于流管轴线方向的分速度产生，这种运动被称为湍流。

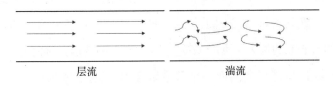

层流　　　　　　　　　　湍流

图 2-9

　　湍流问题的应用很广，如导弹升空过程就涉及湍流，需要弄明白空气流动过程对飞行的阻力变化；又如洋流与潮汐的计算和模拟。不仅是流体问题，目前非常热门的机器深度学习也会将湍流理论作为基础模型。

　　求解湍流问题的核心是得到纳维－斯托克斯方程的统计解，由于这个方程的非线性和湍流解的不规则性，湍流理论成为流体力学中最困难而又引人入胜的领域。

2.2.3　蝴蝶效应与风暴

　　无论是三体问题还是湍流问题，都涉及物理学中的"微扰"概念，就是某个微小的、不可预测的扰动，导致系统变得混乱不堪。

　　微扰概念最经典的例子无疑是蝴蝶效应。

　　南美洲的一只蝴蝶扇动翅膀，通过一连串的连锁反应，最终引发了美国得克萨斯州的一场风暴，并产生了巨大的破坏力。当蝴蝶飞起的那一刻，气流呈涡旋状扰动，带动了旁边气体的流动，打破了周围一立方米范围内的气体平衡，这种微小的扰动可能导致原本平静的空气变得不再平静，然后会带动更大范围的气体流动，在经过层层放大之后，成功掀起了大洋另一端的大风暴！

蝴蝶效应象征着那种微小扰动带来的巨大变化。有时候微小扰动是正向的，逐步积累会带来好运。有时候微小扰动是一种错误，不断积累就会导致巨大的纰漏，最典型的例子就是天气预报。

天气变化是个非常复杂的物理过程，受气压、温度、湿度、风速、地理环境等多个变量的共同影响。早在 20 世纪 60 年代计算机刚刚面世不久的时候，就有科学家尝试用 12 组偏微分方程来模拟天气，并尝试做出未来几天的天气预报。然而结果不太乐观，预报往往是错的。人们根据早期的天气预报进行出行准备，往往会迎来意外的天气。

天气算不准的原因其实跟蝴蝶效应是相同的道理，计算过程本身涉及很多轮的迭代，而每轮迭代都涉及"因子"的估算，某一个或多个因子如果存在非常微小的偏差，如有 5% 的偏差，那么多轮演算之后，这些偏差将会逐级放大。举个例子，假设一组迭代计算是前面一个数乘以 2 得到后面一个数：

$$A_{n+1} = A_n \times 2$$

如果初始发生 5% 的偏差，经过 12 轮演算后，误差率将达到 80%！

现代计算机技术相比 20 世纪，已经先进了很多，天气已经可以计算得比较准确了。汤姆逊很关心周末的天气，他会提前观看天气预报或者在手机上查阅，如果周末是晴天，就可以考虑出门游玩了。天气预报很少会令他失望，大部分时候都是准确的。

2.2.4　细胞分裂

细胞是构成生命的基础，并且细胞通过遗传物质进行自我复制，这样生命才能代代相传。

20 世纪 50 年代，美国的沃森和英国的克里克发现了遗传物质 DNA 具有双螺旋结构，在细胞复制过程中，DNA 的双链会拆分开来，每条链复制成两条链，进而使一个细胞分裂成两个一样的细胞，如图 2-10 所示。

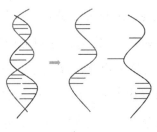

图 2-10

正常情况下，DNA 完美复制会使子代与亲代一模一样，绿草的下一代还是绿草，黄花的下一代还是黄花，长颈鹿的下一代仍然拥有长脖子，兔子的下一代仍然拥有短尾巴。

然而，DNA 的复制过程并非一丝不差，实际上经常有遗传物质在复制过程中发生突变，诱导突变的因素可能是环境变化、气候变化、宇宙射线辐射等，带来的结果就是生命并不会简单地自我复制，而是随着环境变迁发生改变，也就是"进化"。非洲大草原的长颈鹿为了适应金合欢树叶子高度的变化，在百万年的时间里发生了基因改变，最终成为陆地上最高的动物；现代生物为了适应氧气浓度下降（相比远古时期下降了 10% 左右），个头越来越小，再也没有恐龙那样的巨无霸了。类似的生物进化案例非常多，从中可见，自我复制是常规手段，而微扰则带来变化。如果基因的变化与环境相适应，那么生物将获得生存的机会；如果这种变化不能适应环境，生物则会被淘汰。

2.2.5　混沌

无论是三体、蝴蝶效应、烟还是天气，这些最终都可以归于数学上的混沌问题。说起混沌这个词，很多神话传说如希腊神话、埃及神话、北欧神话、中国古代神话都把宇宙初开的状态称为混沌状态，大概意思就是固态的、液态的、气态的物质混在一块儿，充满着黑暗，充满着未知。现代数学沿用了古代神话中的这个名词，用数学的方法描绘系统的演进过程。

对于一个系统而言，变量 x 满足：

$$\dot{x} = f[x(t), u(t), r(t)]$$

上述方程用于衡量一个系统，$\dot{x}$ 是导数形态，表示系统变化情况，这种变化由方程右边的几项内容决定，其中 $u(t)$ 是外界对系统的影响，$r(t)$ 是系统的参数。这个方程在控制论中赫赫有名，经常用于电力控制、信息控制等领域。

假如系统是线性的（也就是一阶导数为常数），且不考虑控制量 u，参数 r 也不随时间变化，那么方程就退化为 $\dot{x} = f[x(t), r]$。可以从数学上证明，在经过时间 τ 后，系统改变的最大值会有一个上限（$e^{\lambda^A_{max}\tau}$），这里 e 是自然底数，λ^A_{max} 作为一个整体，表示系统特征矩阵 A 实数部分的最大值，τ 表示经过的一个确定的时间。通俗地讲，就是系统运行一段时间后，起始状态、终止状态之间的差距是一个可以计算出来的有限值，而不会变得无限大。

混沌问题涉及的系统都是非线性系统，在经过了时间 τ 后，系统改变的最大值往往没有上限。

上面的结论很了不起。对于线性世界，微小的变化经过再长的时间也会有变动的上限，也就是跑得不会太偏；对于现实世界，几乎没有什么符合"线性"假设，绝大部分事物都是"非线性"的，变量之间的变化关系比较复杂，这就导致在现实世界中，"差之毫厘，谬以千里"。

2.3　三生万物

混沌问题在汤姆逊的脑海中盘旋，它暗示了我们世界的本质。

大自然习惯自我复制，如罗马花椰菜、松果、枯树、肺、大脑神经等，都展现了大自然的这种特性。可以说，自我重复的过程就是"一生三"的过程，是使大自然变得姿态万千的重要过程。有了"三"之后呢？还是简单地自我重复吗？不是的，任何微小的扰动可以使"三"之后的事情不可预测，这大大增加了自然的复杂度，可以说微扰过程实现了"三生万物"。

起初两个差不多的体系，在演化过程中开始形成差异，然后差异越来越大。比如说，春天风吹过草地，蒲公英种子随风飞舞，一颗蒲公英种子落到肥沃的土地上，于是来年长成新的蒲公英，另一颗种子却落到土地边的小溪里，随水流归入湖泊，自此没有长大的机会；又比如，同班两个同学，成绩都是数一数二的，结果一个选择新兴行业混得风生水起，另一个去了传统行业发展得很慢，即偶然的选择带来了两种不同的命运。

第 3 章

和胡克、牛顿一起做实验：

粒子和波的三百年之争

3.1 校园的小池塘

校园的南面有一片小池塘，长和宽大概10米的样子，池塘中心是一座雕像。天气好的时候，许多学生会三三两两地坐在池塘边，聊聊天，看看池塘波光粼粼的水面。

这天，风吹过池塘，泛起了波浪，由于池塘是四方形的，波浪会整体自西向东推进，碰到东边的石壁后，又反弹回来与后续跟进的波浪相撞，掀起2厘米高的小小的浪花，如图3-1所示。

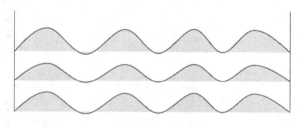

图3-1

"扑通"一声，只见有个女生将手中的鹅卵石扔到了池塘里，瞬时间形成了以鹅卵石坠入点为中心的圆形波纹，一圈圈散开，直至碰到池塘的石壁。女生咯咯地笑着，觉得很好玩。汤姆逊一看不是别人，正是数学系的索菲亚，两个人是在学生会里认识的。汤姆逊赶紧上前打招呼，两个人交谈了起来。

"水波的形状真好看，起起伏伏。"索菲亚说。

"我家乡就有很多湖泊，中学的时候每到考试前，我就会去湖边坐坐，看到湖上波浪起伏的样子后会觉得心情很好，考试也就会发挥得很好。"汤姆逊滔滔不绝地说起了以前的经历，索菲亚听得津津有味，两个人自此成为朋友，还相约一起上自习，汤姆逊讲解物理问题，索菲亚则传授一些数学方面的技巧。

3.2 万物的形态

汤姆逊与索菲亚聊的话题与波相关，这是万物两大形态之一。

三可以生出万物，万物进一步可以呈现出粒子与波两种形态。常见的粒子形态包括桌球、足球、天空中的飞鸟、高架桥上的小汽车；常见的波的形态包括声波、水波、电磁波。两种形态往往泾渭分明，一眼就能辨别。

3.2.1　粒子的故事

1589 年，意大利科学家伽利略带着许多人一起来到比萨斜塔，他在众人的关注下，将一个重 100 磅①和一个重 1 磅的铁球同时抛下，如图 3-2 所示。实验结果让人震惊，两个重量差异巨大的铁球同时坠落到地面。比萨斜塔实验是物理学最经典的实验之一，证明了自由落体的速度与物体重量无关！

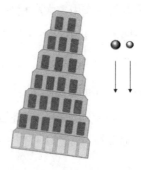

图 3-2

除了自由落体实验，伽利略在其著作中还提到了一个理想斜面实验，如图 3-3 所示。

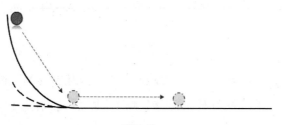

图 3-3

伽利略设想了小球沿着曲线降落的过程，如果整个曲线是光滑的，那么小球滑动到平坦地面时将会持续不断地前进，永远不会停止。此时，将曲线的高度慢慢降低，球仍然会不停地滚动。直到曲线完全平坦，那么具有初速度的小球仍然会继续运动下去。这个现象被后来的牛顿总结为重要的物理学定律：惯性定律。

---

① 1 磅≈0.45 千克。

惯性定律：在没有外力作用时，物体将保持静止或者匀速直线运动的状态。

伽利略在做实验的时候，不会考虑球体的形状与大小，事实上，他将小球看作理想的点状物。惯性定律适用于所有粒子及粒子组成的物质。惯性这种物质的本质属性使得科学家们可以将复杂的物体抽象成点粒子（质点），并通过对点粒子的分析来印证物理学规律。

伽利略这种分析事物的方法被牛顿进一步继承并发扬光大。牛顿通过点粒子的受力分析，总结了运动三大定律，创立了经典力学。

牛顿运动第三定律：作用力与反作用力大小相等、方向相反。

在点粒子撞击墙面时，对墙面产生了一个作用力，与此同时，墙面也给了点粒子一个反作用力，使得它被弹向另一个方向，如图 3-4 所示。作用力与反作用力的原理可以运用到生活中的方方面面，如火箭升空、喷气式飞机飞行等。一般情况下，只有能够抽象成点粒子的物体才符合这种运动定律。更重要的是，第三定律很好地解释了反射、折射等现象。

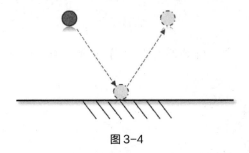

图 3-4

在日常生活中，运动的汽车、奔跑的兔子、飞翔的老鹰等都可以抽象成点粒子进行力学分析。抽象的好处是能够忽略不同物体之间的形态差别，归纳出共性，并且运用物理学定律分析预测其运动轨迹。粒子状态的物体都遵循惯性定律、运动三大定律，反过来说，那些符合惯性定律、运动三大定律的物体往往被科学家们当成点粒子来对待。

这种情况有点类似于猫与狮子。通常来说，小巧是猫的关键词，人们很容易由此联想猫是温和的；雄壮是狮子的关键词，人们很容易由此联想狮子是暴躁的。实际上，科学家也常常根据事物的特点分门别类，一旦物质具有粒子的特性，便将其视为粒子，按照粒子的运动规律进行研究；一旦物质具有波的特点，便将其视为波加以研究。

例如，运动的乒乓球满足惯性定律，在没有外力的情况下保持静止，球拍击中球，球则会向前运动；另外，乒乓球碰撞到拍面后，会被反弹出去，符合牛顿第三定律。凭着这样典型的特点，科学家很容易将乒乓球视为粒子。

3.2.2　波的故事

波与粒子截然不同，是万物的另一种呈现形态。

水波是大自然最常见的波动形态，奔流不息的江河、波澜壮阔的大海，时刻都波涛翻涌。水波是一种横波，即波的传递方向与振动方向（水分子上下振动）垂直。

声波也是一种常见的波，利用喉咙里声带的振动，通过空气分子进行传递。声波属于纵波，即利用空气膨胀与收缩进行传递，空气分子的振动方向与声音的传播方向一致；相反，如果声波在金属中传播，就是一种横波了，因为金属分子是上下振动的。

现代社会中人们经常使用手机进行信息传递。手机的原理是利用不同的声音对应不同的频率的特点，将声音转换成数字信号并将电磁波作为载体，通过发射和接收电磁波实现长距离通信。

无论水波、声波还是电磁波都有明显的特点，那就是能够绕过障碍物，**即波的衍射属性**。例如，水波碰到鹅卵石等障碍物时能够绕到石头后面继续传播，人躲在墙后面说话时照样被墙另一侧的人听到，电磁波遇到高楼大厦时能够穿行而过，如图 3-5 所示。以上都是利用了波的衍射属性。

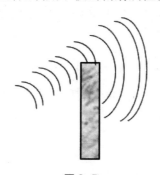

图 3-5

波的衍射需要满足一个条件，那就是波长接近于障碍物的尺寸。在现代通信领域中，最尖端的 5G 通信技术难度最大，就是因为 5G 属于微波通信，波长仅有几厘米甚至几毫米，遇到稍微大一些的障碍物就容易被阻挡，需要技术专家采用特别的手段来应对。

除了衍射，波还有一个物理特性——干涉。

当两列波在空间中相遇时，波峰与波峰、波谷与波谷相互加强，波谷与波峰则相互抵消，最终会形成一个新的波形，反映在平面上就是一明一暗的条纹，这种现象就是波的干涉，如图 3-6 所示。

图 3-6

很明显，波这种形态不符合伽利略、牛顿所说的点粒子运动规律，无法用运动三大定律来描述。

3.3 波粒之争

在经典物理学中，波与粒子一直是泾渭分明、彼此界限清晰的。科学家们一看到匀速直线运动，自然而然会想到惯性定律描绘的点粒子，一看到衍射与干涉，自然而然会想到波动状态，并用与波动有关的指标如频率、周期、波长等参数进行计算与分析。

但是，大自然中有一种非常特殊的物质，那就是光。光到底是粒子还是波呢？这个问题的争论延续了将近 300 年时间，直到 20 世纪初才有了最终答案。

3.3.1 光是粒子吗

观察早晨森林中的光束，能够明显看到光线走了一条直线。教室里照进来阳光，也能看到光线是以明显的直线方式传播进来的。光束的直线形态，比较容易让人联想到点粒子束的集合。除了直线传播外，光还遵循反射原理。找一面镜子，我们通过镜子能够看到身后的物体，这正是利用了光的反射效应，如图 3-7 所示。

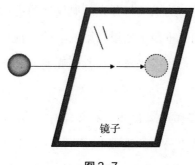

图 3-7

早在公元前 200 年，数学家欧几里得在其《光学》一书中，就对光的性质进行了研究，他阐述了光的反射定理：反射光线和入射光线与法线在同一平面上；反射光线和入射光线分别位于法线两侧；反射角等于入射角。光的反射原理描绘的情景有点类似于牛顿力学所说的作用力与反作用力，在欧几里得之后的近 2000 年时间里，科学家们更多地把光当成点粒子来处理，认为光束就是大量点粒子的集合体。

3.3.2　光是波吗

自然探索的故事没有就此结束。

17 世纪，一位意大利科学家格里马第做了光束实验，他将一束光通过两个小孔投射到暗室的屏幕上，发现屏幕上的光影比较宽，而且呈现明暗条纹，如图 3-8 所示。一提到明暗条纹，可以马上联想到波的干涉现象，由此，格里马第提出光可能是类似于水波的一种波，这是最早的光波动说。

图 3-8

波的干涉、衍射都有前提条件，那就是小孔或者障碍物的尺寸需要与波长较为接近，否则干涉或者衍射现象就不明显。由于可见光的波长非常短，仅为几百纳米，因此几千年来人类都没有观测到任何与光有关的干涉、衍射现象。可以说，格里马第的光束实验，为人类打开光的奥秘之门提供了钥匙。

此后，英国科学家胡克重复了格里马第的实验，他仔细观察光在肥皂泡里呈现的色彩及通过薄云母片产生的光辉后，判断光是一种波，光呈现的颜色是由其频率决定的。

1665 年，胡克的《显微术》出版，在该书中，胡克进一步明确指出了光的波动性。胡克的工作在格里马第的基础上前进了一大步，格里马第只是指出了某种现象，而胡克则提出了定量研究方法。既然光是一种波，那么根据当时的认知，必然有某种介质来进行传播，如声音需要空气分子作为传播介质，水波需要水作为传播介质。胡克认为光波也需要传播介质，他在人类历史上首次提出了"以太"的概念，这个概念日后贯穿于科学的发展过程中。除此之外，波的研究离不开频率、周期这些属性，胡克指出光的颜色由频率决定，这又是光学研究的一大步，将人们肉眼看到的事物与频率这个指标联系在了一起。

3.3.3 牛顿的微粒说

牛顿是自伽利略以来最伟大的物理学家，不仅创立了经典力学，提出了万有引力定律，发明了微积分，还在光学领域有着卓越的成就。巧合的是，牛顿是与胡克同时代的人，而且在诸多方面与胡克有着不同的观点。牛顿有句名言：站在巨人的肩膀上！这句话据说是用来讽刺胡克太矮的。

不同于胡克的观点，牛顿坚定地支持光的微粒说。

1672 年，牛顿发表了《关于光和色的新理论》，他在论文中提及了他做的光的色散实验，也就是让自然光投射到三棱镜上，进而分成七彩光，如图 3-9 所示。牛顿认为光束是许多微粒的混合，经三棱镜分解后，微粒又相互分开，并且牛顿认为，光粒子沿速度最快的直线传播。

鉴于牛顿在科学界的地位，其支持的微粒说在后续 100 多年里占据了主导地位，大部分科学家都认可光是一种微粒。

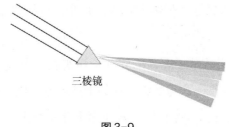

三棱镜

图 3-9

为何格里马第已经观察到了类似于干涉的效果，微粒说仍然可以占到上风呢？主要有三方面原因：

（1）格里马第的实验条件简陋，并不能确认一定是干涉产生了明暗条纹。

（2）胡克观察到光在肥皂泡里呈现的色彩，完全可以用牛顿的七色光混合微粒的假说进行解释。胡克所提的光的频率等诸多概念，在当时的条件下也停留在假说的阶段。

（3）最重要的一点是，没有任何实验证实光具有衍射效果。光不能像声波、水波那样绕开障碍物。例如，躲在柱子后面的人没办法被看见[①]。

1690 年，惠更斯发表了《光论》。惠更斯是站在波动说一方的，对于光表现出的反射定律、折射定律（两种定律用微粒说比较容易解释），惠更斯用波动说进行了论证，并且他解释了光的衍射、双折射现象等。针对牛顿提出的微粒说，惠更斯提出了反对意见：假设光是微粒的集合，那么在其传播过程中必然相互碰撞，由此改变光的传播方向，而这跟事实是相悖的。

对于惠更斯的波动说，牛顿做出了反驳：如果光是波，那么应该像声波一样绕过障碍物。另外，牛顿将光的微粒说结合到了他的力学体系之中，这使得人们更加相信微粒说的正确性。牛顿在自然科学研究领域中的地位不遑多论，他作为光的微粒说的支持者，使微粒说获得了更多人的认可。

3.3.4　杨的双缝实验

在相当长的时间里，受限于实验技术、设备等因素，人们根本无法做出精确

---

① 　实际是由于光波波长太短，所以没办法绕开一般的障碍物。

的实验来检验光的本质属性。但随着技术的进步，一切终于在 19 世纪初得到了改变。

1801 年，托马斯·杨做了著名的双缝干涉实验，光线在双缝后面的屏幕上呈现黑白条纹的干涉现象，这与水波呈现的干涉现象一模一样，从而可以证明光是一种波，如图 3-10 所示。托马斯·杨还用干涉法测出了光波的波长。在解释光呈现的折射、干涉现象时，托马斯·杨放弃了惠更斯的纵波理论，提出光是横波，从而成功破解了多个理论困局，由此建立了新的波动学说。

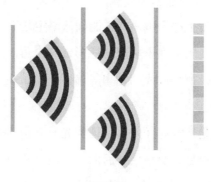

图 3-10

1882 年，德国天文学家夫琅和费用光栅实验发现了光的衍射现象，自此，光的干涉、衍射现象全被发现，呈现出非常明显的波的特征。这有点类似于侦探破案，各种证据找齐了，那就可以宣告破案了。光栅实验之后，波动说完全占据了上风。在当时的情况下，波动说可以解释光的一切现象，而微粒说则无法解释衍射、干涉，这等于宣告了波动说赢得局部战争。

3.3.5　光电效应

光的波动说在历史舞台中占上风，仅仅维持了 20 多年。

就在人们纷纷认定光是一种波的时候，新的物理实验又带来了新的谜团。19 世纪末，德国科学家赫兹发现了"光电效应"现象。他用光线照射金属板，如图 3-11 所示。当提高光的频率时，会发现金属板有大量电子逸出；相反，如果降低光的频率，那么金属板甚至连一个电子都无法逸出，即使提高光的强度，无论光有多强，都无法提高电子逸出的数量。

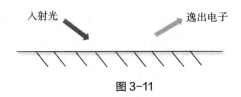

图 3-11

在上述实验中，如果用红外线（频率低）照射金属板，什么现象都不会发生，就算用很亮（强度大）的光线照射，也没有任何改变；反过来，如果用紫外线（频率高）照射金属板，立刻会有电子逸出。

假如光仅仅是一种波，那么强度越大，能量越大，理应导致更多的电子逸出，可实验结果显示，光照强度与电子逸出并无相关性，而与频率高度相关，这是非常蹊跷的。

1905 年，爱因斯坦给出了光电效应的科学解释。爱因斯坦认为，光线是由一个个光量子组成的，每个光量子的能量为 $E=hv$，其中 h 为普朗克常数，v 是频率。当入射光的频率超过限值时，能量 E 才足够大，才能促使金属板里的电子逃逸，形成光电子流。反之，无论光照强度多大，入射光的能量 E 都不足以使电子逃逸。

光量子的概念非常伟大，一举将波动说推下了历史舞台。根据爱因斯坦的解释，光线并非单纯的波，而是波与微粒的集合。

3.3.6　波粒二象性

科学的探索总是曲折的，自 17 世纪格里马第提出光的波动说到 20 世纪初，其间近 300 年的时间里，光的微粒说与波动说你方唱罢我登场，两边各有各的理由，始终无法得到统一。直到光量子概念成功解释了光电效应，人们才开始接受光同时具有粒子和波的特征，即所谓的波粒二象性。虽然有点不可思议，但事实是光在一些场合下表现出波的特质，在另一些场合下表现出微粒的特质。

或许，波与微粒并非想象中的那样泾渭分明。光具有波粒二象性，其他一直以来被当成微粒的物质会不会也是这样呢？

顺着这个思路，1922 年，30 岁的德布罗意在他的博士论文中提出了物质都具有波粒二象性。当时的人们已经知道了光子的静止质量为零，它的速度是宇宙极限的 30 万千米 / 秒。德布罗意则更进一步，提出所有物质，哪怕静止质量不为零，哪怕速度远远低于光速，也是具有波动性的一面的，即所谓的**物质波**。德布罗意的博士论文只有一页纸，但就是这一页纸的论文让他获得了 1929 年的诺贝尔奖，因为物质波的概念实在是太重要了。

用公式来说：

$$v = \frac{mc^2}{h}$$

$$\lambda = h/p$$

第一个式子，其实就是由爱因斯坦狭义相对论中的质能方程（$E = mc^2$）演变得到的；第二个式子，是普朗克根据关于能量的定义推算得出的。根据上述方程，就可以计算物质波的频率和波长了。

汤姆逊最初读到德布罗意物质波的内容时，激动不已，他没想到所有的物质都拥有波的属性，包括他自己！这样一来，汤姆逊还有点兴奋，说不定他能像神话传说中的人物一样，拥有穿越墙壁、穿越岩石的能力，声波、水波不就是这样的吗？不过汤姆逊高兴得有点早了，让我们实际测算一下，光之外的物体的波长。

举个例子，我们可以将电子的质量 0.91×10^{-30} 千克代入德布罗意公式，可以算出电子的物质波波长大概是 10^{-12} 米。不难看出，电子的物质波波长远远短于光波（可见光的波长是 390 ～ 780 纳米，1 纳米 = 10^{-9} 米），如图 3-12 所示。相应地，其波动属性显著弱于光波。

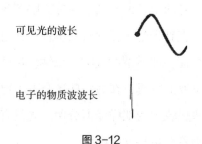

可见光的波长

电子的物质波波长

图 3-12

对于人体这样的宏观物体，其物质波波长一般短于 10^{-34} 米，几乎可以忽略不计，这就是为什么宏观物体只表现出粒子的属性，而无法被观测到波的属性了。

无论如何，物质波的概念将波动性、粒子性统一起来了，所有物质都具有波动性，只是波动得不那么明显，感知不到。明显展现出波动性的物质，如电磁波，也会在某些情况下表现出粒子性，这就是所谓的你中有我、我中有你。由此看来，大自然并没有在粒子和波当中做选择，没有将其中一种形态作为最好的表达方式，而是将两种看起来截然不同的形态统一起来，物质在某些时候展现粒子性，在某些时候展现波动性。

最后需要说明一下，德布罗意的物质波概念其实不能用经典物理学的"波"来理解，换言之，物质波并不是粒子横向或者纵向振动，也不需要所谓的传播介质，它其实是一种概率波。

3.4　云雾中的大象

20 世纪之前的经典物理学将粒子与波割裂开来，用事物表现出来的状态判断其属于粒子还是属于波，如图 3-13 所示。

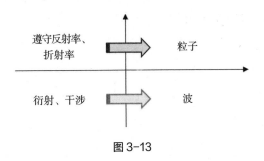

图 3-13

旧的物理体系其实是把表象当成本质，根据表象判断本质。

到了 20 世纪，物理学家们发展了许多颠覆认知的理论与实验，其中波粒二象性就是一种全新的认知，将微粒与波这两种表象看似矛盾、对立的事物统一了起来。从此，人们意识到衍射、干涉和折射、反射并非必然对应着波和微粒，而是事物在某种观测场景下呈现出的特点。这就好比盲人摸象，当从某个角度摸象时，就以为大象是某种样貌。如盲人摸到象腿时，就以为大象是圆柱形的；摸到象鼻子时，就以为大象是粗粗的蛇的模样；摸到象牙时，就以为大象是圆锥形的。实际上，盲人无法看到大象的全貌，也就无法认识到大象真正的样子。

盲人摸象的故事还有一个翻版。说古时候有个农民看到云层中有个巨大的柱子，柱子上雕刻着菱形的形状，农民把他看到的现象告诉邻村的村民。另一个农民说他没看到柱子，但看到了拱形的巨大天桥，从南边跨到北边，而且数了数一共有五座，比邻挨着。后一个农民又把他看到的事物告诉了他的亲戚，说他没看到天桥，但看到天上垂下来很多根绳子，一直垂到山顶。这些农民看到的其实是一条巨龙，第一个农民看到了龙的身体，第二个农民看到了龙的爪子，第三个农民看到了龙的胡须。由于巨龙被云雾遮挡，从不同的角度看过去，就看到了龙不同的样子。

随着我们对大自然理解的深入，会发现大自然似乎就如同那个云雾之中的巨龙，我们看到的往往是其中一面，并没有真正将表象与实质统一起来。整个20世纪物理大发展的过程，就是表象与实质逐步统一的过程，或者说科学家们意识到，人类对大自然的了解很多时候只是看到了表象。

说起来时间过得也快，大一的时光就要结束了。汤姆逊和索菲亚都取得了不错的成绩，开开心心地回了家。未来的几年里，他们能否拨开云雾，看清巨龙的真面目，就看他们是否足够用功了。

和爱因斯坦一起吵个架……

第 4 章

关于时间的物理观念之争

不知不觉，大二上学期要开学了。索菲亚的家离学校没多远，步行半个小时就能到。汤姆逊住在 200 千米外的小镇，需要坐火车返校。他俩相约开学前一天的 9 点准时到校门口碰头。那天早晨，索菲亚一个人在校门口足足等了半小时，才看到汤姆逊姗姗来迟。

"怎么晚了这么久啊？"索菲亚愠声问道。

"实在不好意思，我坐火车过来的，坐在车上时间变慢了。"汤姆逊挠挠头，实际上是他的火车晚点导致了迟到。

"噗……这个理由编得可真好。"

"别笑哦，坐在高速运动的车上，时间真的会变慢！"汤姆逊一本正经地说。

两人很快说开了，迟到这个小误会就消除了。那么汤姆逊所说的时间变慢是真的吗？让我们一起来看"时间"的故事。

4.1 时间的故事

一生三，三生万物。万物又分粒子与波两种形态，两种形态对立统一，某些情况下物质展现粒子属性，另一些情况下物质展现波动属性。有了世间万物，还需要空间与时间两大要素，作为万物运行的舞台。古人说"上下四方谓之宇，古往今来谓之宙"，宇宙二字代表空间与时间，囊括了万物。

在人类历史的长河中，时间一直被认为是永恒存在、不断流逝的，秒针、分针、时针精确地行进，不因任何人而变快或者变慢。在牛顿体系下，空间是绝对的，时间也是绝对的，时间与空间完全是不相干的两种事物。科学家在进行计算的时候，默认时间均匀分布，宇宙的各个角落都拥有相同的时间坐标。可以说，"时间"成了被忽视的背景布。

然而，事情在 19 世纪末发生了变化，突破口是——光！

没错，就是科学家争论了 300 年到底是微粒还是波的那个光！

4.1.1 光的速度

古时候人们不太清楚光是什么，也不曾想过光的传播速度。根据常识，点一根蜡烛满屋子立刻就亮堂了，光速大概是无限快吧。

　　伽利略不这么认为，他决定测量一下光速！1607 年，伽利略带着一帮人在夜里跑到山顶上，手持若干带有灯罩的油灯。他们兵分两路，占据了两个山头。伽利略用两山的距离除以信号传递时间来测量光速。可以想象，这种精神是可嘉的，但效果是很不理想的，两个山头相距的几千米在光速面前不值一提，所以没有得到有意义的结果。

　　240 年后，法国物理学家斐索用旋转的齿轮测定光速，如图 4-1 所示，这才得到一个比较准确的数据——31.30 万千米 / 秒。之后，法国的傅科进一步将光速精确为 29.80 万千米 / 秒。目前，国际计量委员会认可的精确光速是 299792458 米 / 秒（约 29.98 万千米 / 秒）。

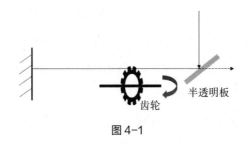

图 4-1

　　傅科完成光速测定的 20 年后，麦克斯韦创立了电磁场理论，提出了一套优美的方程组。

$$\nabla \cdot \vec{D} = \rho$$
$$\nabla \times \vec{E} = -\frac{\partial \vec{B}}{\partial t}$$
$$\nabla \cdot \vec{B} = 0$$
$$\nabla \times \vec{H} = \vec{\delta} + \frac{\partial \vec{D}}{\partial t}$$

　　其中，$\nabla \cdot$ 是散▽度算符，$\nabla \times$ 是旋度算符，∂ 是偏导数算符，δ 表示电流密度，$\frac{\partial \vec{D}}{\partial t}$ 表示电位移变化引起的电场强度变化率，通俗的解释参见 6.2 节的内容；字母上的箭头表示该字母为矢量，即包含方向的量。

　　这套方程组被后人称赞为最美的公式，极其简洁地揭示了电与磁之间的物理规律。第一个方程描述电场，含义是电位移 $\vec{D}$ 的散度等于该点的自由电荷体密度

ρ。读起来比较拗口，对应的物理意义是"电场是有源的"。想象一个水龙头，打开开关才有水流出来，也就是得有个源头才行。第二个方程描述磁生电现象，含义是电场强度$\vec{E}$的旋度等于该点磁通密度$\vec{B}$的时间变化率的负值。变化的磁场能够产生感应电场，这个现象是发电机背后的理论基础，推动人类迈入电器时代。第三个方程描述磁场，含义是磁通密度$\vec{B}$的散度为0，即磁力线是无始无终的、无源的，相当于水从水龙头里流出来，绕了个圈自己又流回去了，永远找不到水的源头。第四个方程描述电生磁现象，含义是磁场强度$\vec{H}$的旋度等于该点的全电流密度，当全电流密度发生变化（变电）时，就会产生感应磁场。人们由此发明了电动机，利用变化的交流电产生磁场，再利用磁力作用产生动力。

麦克斯韦用一组简单的方程组，阐述了电、磁两大物理现象，一举统一了电磁学。根据该方程组，变化的电场会生成感应磁场，变化的磁场会生成感应电场，电场与磁场相互感应、生成并传向远方，麦克斯韦由此预言了电磁波的存在。根据理论，电磁波产生的过程是运动的电场激发感应磁场，感应磁场反过来又激发感应电场，如图4-2所示。

感应电场与感应磁场就像是军训时走正步一样，1、2、1、2、1、2…不断交替往复，这种交替的传递速度经过计算约为30万千米/秒。

图4-2

30万千米/秒？这不就是当时测定出来的光速吗，怎么会有如此的巧合？麦克斯韦由此意识到：光可能是电磁波的一种。他的想法随后被赫兹用实验证实。

4.1.2 失败的实验

在光电效应被发现前，科学家们普遍认为光是一种波。类似于声波与水波，光波的传递也需要介质，科学家们将这种介质命名为"以太"，并认为以太弥漫全宇宙，光在以太里自由穿梭。对于实验物理学家而言，理论预言的事物一定要在实验室里找出来，否则预言永远是"假想"。1881年，迈克尔逊与他的助手莫雷就想在实验室里找出以太。

　　既然地球被包围在以太之中，而地球又以 30 千米 / 秒的速度公转，那么迎着以太必然会感受到以太风，从而使测量的光速变缓；相反，背着以太则会有光速加快的结果。

　　如图 4-3 所示是迈克尔逊 - 莫雷实验的简图，原理是两路光线分别迎着以太、背着以太，它们的速度会不一致，由此导致测量的光线行走时间不一样。

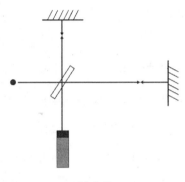

图 4-3

　　两人为了增加实验精度，特意将仪器放置在十分平稳的大理石上，并让大理石漂浮在水银槽上，从而可以平稳地转动。本以为这个实验可以找出以太存在的证据，可让人意外的是，他们做了许多次实验，却发现光的运行速度没有丝毫变化！

　　实验结果很快传遍了物理学界，大部分人的态度是质疑迈克尔逊 - 莫雷实验的准确性，想要设计新的实验重新证实。也有少部分人开始质疑以太的存在，其中就包括年轻的爱因斯坦。对于固化了上千年的时间与空间观念，爱因斯坦向过去的观念发起了颠覆性的挑战，下面我们一起来了解一下爱因斯坦是如何吵赢这一架的吧。

4.1.3　光速不变

　　爱因斯坦是从麦克斯韦方程组中看出问题的。

　　当时的爱因斯坦仅仅是瑞士专利局的业务员，本职工作是审阅专利。但从小时候开始，他就已经在思考极具深度的问题了，专利局的工作只不过为他提供了更多自由思考的时间。

在爱因斯坦看来，电磁场理论与经典物理学存在致命的矛盾。

麦克斯韦方程组适用于一切惯性系，包括静止参考系、匀速运动参考系。如图 4-4 所示，现在假设有一个静止的观者 A 和一个匀速运动的观者 B，当光子穿过空间时，A 通过求解麦克斯韦方程组，发现光子的速度为 30 万千米 / 秒，B 也来求解麦克斯韦方程组，发现速度仍然是 30 万千米 / 秒。

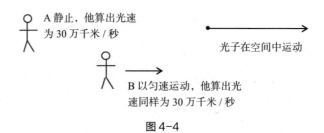

图 4-4

等等！按照经典物理学的速度合成公式，如果两个观者自身的速度不一样，那么光在两个人看起来速度应该不一样啊，为什么会相等呢？

解决两者之间的矛盾有两种选择。

解决方案 1：认定电磁场理论是错的，修正麦克斯韦方程组。

解决方案 2：经典物理学存在问题，需要修正的是速度合成公式。

按照当时物理学界的理解，光是在以太中传播的波，以太构成了一个特别的参考系，这个参考系倒是能够协调麦克斯韦方程组与速度合成公式的矛盾。然而，迈克尔逊 - 莫雷实验根本找不到以太存在的证据。

在爱因斯坦看来，解决方案 1 是硬生生找一个特殊参考系（以太系）使麦克斯韦方程组与速度合成公式相匹配，而这种参考系却又是实验找不出的！这种方案是他无法接受的，他认为需要修正的并不是麦克斯韦方程组，而是速度合成公式。

为此，他做了一个著名的追光实验：想象光速飞船中的宇航员用手电筒照向行进的方向，如图 4-5 所示。对于宇航员而言，手电筒发出的光作为电磁波，按照确定的速度进行着电与磁的交替往复，交替行为传递的速度为 30 万千米 / 秒；对于地面的人而言，手电筒发出的光仍然进行着电与磁的交替。电磁波交替的过程并不会随着参考系的不同而发生变化。

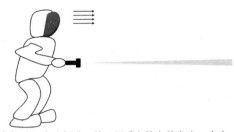

宇航员以光速行进，并且用手电筒向前发出一束光

地面同样发出一束光

图 4-5

另外，日常看到的机械波需要依靠介质的振动进行传递，如声波需要依靠空气分子振动来传递，又如水波需要依靠水分子振动来传递，这种情况下传播介质是必需的。对于电磁波而言，电场激发磁场，磁场再激发电场，整个过程根本不需要额外的媒介，其产生机制与日常的机械波具有本质区别。换言之，以太根本没有存在的必要！从这个角度出发，迈克尔逊－莫雷实验或许并没有失败，它恰恰成功证明了以太不存在！

1905 年，爱因斯坦在《论动体的电动力学》一文中，提出了著名的光速不变原理，并且将这个原理作为狭义相对论的基本公设：

光在空虚空间里总是以一个确定的速度 c 传播着，该速度与发射体的运动状态无关。

根据光速不变原理，追光实验里的宇航员看到手电筒发出的光线按 30 万千米 / 秒的速度行进，对于地面参考系而言，飞船发出的光线的速度也是 30 万千米 / 秒。也就是说，光速在哪里都是恒定的，在任意参考系里都不会发生变化。

4.1.4　相对性原理

狭义相对论有两条基本公设：一个是光速不变，另一个就是相对性原理。

在牛顿延续下来的经典物理学体系当中，始终有一个绝对时空观的概念：宇宙中的某处处于绝对静止状态，其他物体的运动，都可以视作相对于绝对静止体系的运动，如图 4-6 所示。

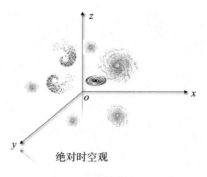

绝对时空观

图 4-6

在绝对时空观的框架下，宇宙应该会存在某一个中心。古希腊哲学体系认为宇宙的中心就是地球，而哥白尼迈出了一大步，认为太阳才是中心。在此之后，人们意识到太阳也不过是一颗普通的恒星，真正的中心在人们还没发现的地方。与此同时，宇宙应该会有个开端，然后时间像静静的河流中的水一样缓缓流动，任何地方的流速都完全相同。

然而，相对论抛弃了这种绝对时空观！

爱因斯坦指出：对于导体与磁体的相互作用，如果磁体运动，导体静止，那么磁体会引发电场使导体产生电流；如果磁体静止，导体运动，那么磁体附近会有电动势，依然会产生电流，而且与前一种电流的大小和方向没有任何区别！请问，两个物体究竟是谁在运动？

如图 4-7 所示，可以进一步想象一名旅客正坐在封闭的火车里，看不到外面的风景，当火车匀速直线运动时，旅客能分清自己是运动还是静止的吗？这个旅客打开火车车窗，他看到送行的亲友在向后方移动，而亲友看到的旅客则是向前方移动的。以地面为参考系，可以说旅客移动了；以火车为参考系，则是亲友移动了。真的存在绝对静止的参考系吗？

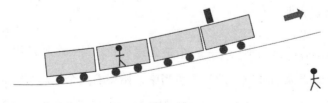

图 4-7

诸如此类的例子使爱因斯坦想到，**绝对静止这个概念，不仅在力学中，而且在电动力学中也不符合现象的本质。倒是应当认为，凡是对力学方程适用的一切坐标系，对于上述电动力学和光学的定律也一样适用。**

以上就是著名的相对性原理。力学、电动力学、光学的原理，应当是对一切坐标系（包括静止的、运动的）都适用的，不需要专门找一个绝对静止的坐标系。相对性原理看起来言语寥寥，实则是从根本上废除了绝对时空观。

地球上的树木、房子，在人们的眼中这些物体是静止的，但考虑到地球自转，实际上树木、房子、人都在以 4 万千米 / 天的速度运动，也就是所谓的"坐地日行八万里"。跳出地球的范畴，让我们来到太阳系，那么地球上一切物体相对于太阳都是运动着的，即随着地球绕太阳公转。更进一步，让我们来到银河系，太阳又是围绕银河系中心在运转的。继续找下去，我们在宇宙中不会找到一个绝对静止的体系。如今宇宙学的观测结果表明，宇宙具有极好的各向同性，根据星体相对于地球的运行速度，我们也能够了解到，绝对静止的宇宙中心并不存在。

4.1.5　同步的手表

在放弃绝对空间概念的同时，爱因斯坦也重新思考了时间的含义。他说："一个绝对的时间并没有意义。"好比"早上 7 点"，这句话能代表什么？是北京时间 7 点还是纽约时间 7 点？是地球上的 7 点还是比邻星上的 7 点？显然，时间应当与某些事件联系在一起，才有意义。

如一列火车 7 点钟到站，到站这件事情，就与 7 点钟联系起来了，更进一步说，是与手表的短针指到 7 这件事情联系起来了。

一只表可以准确描述它所在地点的事件，如果不同地点发生一系列事件，则有必要多拿一些表来，而且这些表的构造及其他各方面完全一致。

好了，有了这些可以描述事件的表，就可以定义"同时"这个概念了。为了方便理解，我们让汤姆逊和索菲亚演一场"同时"的戏。

汤姆逊在教室里携带一块手表，并且记录了"下课"这个事件对应的手表指针位置；这时候，索菲亚在教学楼外等汤姆逊下课，她也携带一块手表，同样记录了"下课"这个事件对应的指针位置。这样，我们就有了汤姆逊时间和索菲亚时间。

下面我们进一步来定义汤姆逊和索菲亚的公共时间。

假设一束光在汤姆逊的手表显示 10 点（t_A）时发出并照向索菲亚，光束到达索菲亚处时她的手表显示的时间是 10 点 1 分（t_B），然后光束又从索菲亚那里被反射回来，在汤姆逊的手表显示 10 点 2 分（t'_A）时回到汤姆逊处。如果：

$$t_B - t_A = t'_A - t_B$$

则汤姆逊与索菲亚的时间是同步的。

但如果反过来，汤姆逊手表显示 10 点时发出一束光，光束到达索菲亚处时索菲亚手表显示的时间是 10 点 1 分，光束再返回汤姆逊处时汤姆逊手表显示的时间是 10 点 3 分，那么显然，两人的时间不同步。

根据最基本的物理思想，还可以得到如下两个普遍有效的关系：

（1）如果索菲亚的手表与汤姆逊的手表同步，那么汤姆逊的手表也就和索菲亚的手表同步。

（2）如果汤姆逊的手表既与索菲亚的手表同步，又与费恩教授的手表同步，那么索菲亚的手表与费恩教授的手表也必然同步。

仔细再读一遍本节内容，会发现爱因斯坦建立了一个稍显复杂但真正严格的时间定义，这为之后的惊人结论奠定了基础。

进一步，爱因斯坦需要将时间、速度、距离这些物理概念联系在一起，他给出了定义：

$$\frac{2\overline{AB}}{t'_A - t_A} = c$$

其中 $\overline{AB}$ 表示 A 与 B 位置之间的距离，c 表示真空中的光速。这样，速度、时间、距离的概念就联系起来了。

让我们看看爱因斯坦建立的这个体系与日常常识有什么不同。

如图 4-8 所示，一列正在奔驰的火车的正中间有一盏信号灯，信号灯向车头、车尾分别发射光信号。对于火车上的旅客来说，车头、车尾接收到信号的时刻显然是相同的。

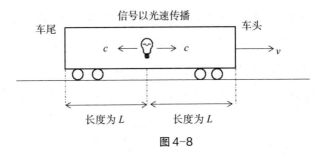

图 4-8

但是，对于地面的观察者来说，由于火车本身正在以速度 v 向前行驶，所以车尾接收信号的时间为：

$$\frac{L}{c+v}$$

式中的 L 代表信号灯与车头车尾的距离。车头接收信号的时间则为：

$$\frac{L}{c-v}$$

看吧，两个式子并不相等！对于在运动参考系（火车）中的人来说，车头、车尾接收到信号是两个同步的事件；而对于在静止参考系（地面）中的人来说，这两个事件是不同步的。可见，所谓绝对的时间并不存在，也就是说，"同时"发生这个概念是相对的。这便是著名的同时相对性原理。

4.1.6　钟慢与尺缩

狭义相对论的重要结论是，运动的物体会存在长度收缩、时间膨胀等效应，即尺缩效应与钟慢效应。我们来看一个非常简洁而深刻的例子。

一艘宇宙飞船正在太空中飞行，速度是 v。飞船里面放置了一个小盒子，盒子底部的光子飞到了顶部。对飞船中的人来说，光子走了一条垂直的线从底部来到顶部；对地面上的人来说，光子却走了一条斜线。

例子讲完了，就是这么简单。我们可以把整个事情绘成图像，如图 4-9 所示。

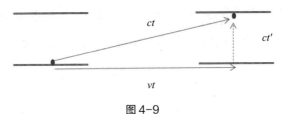

图 4-9

很明显，对于地面上的人来说，光子走过的路线为 ct，即光速乘以耗用的时间 t；对于飞船上的人来说，光子走过的路线为 ct'，这里 t 与 t' 并不相同，原因是静止参考系（地面）与运动参考系（太空飞船）的时间不再同步。

用初中数学的知识，不难发现它们构成了直角三角形，用勾股定理得到：

$$(ct)^2 = (vt)^2 + (ct')^2$$

将方程略做变形得到：

$$t' = t\sqrt{1 - \frac{v^2}{c^2}}$$

这个结论便是时间变换公式，它非常重要！

在地面上的人看来，同一个事件（光子从底部跑到顶部）在飞船上经历的时间 t'，与在地面上经历的时间 t 不一样。假设飞船的速度 v 为 0.9 倍的光速，代入上面的方程算出 $t' \approx 0.44t$，就是说地球上经历了 1 年，飞船上才过了 0.44 年，也就是 5 个月左右。

当飞船速度足够快，如达到 0.999992 倍的光速时，可以算出来地面上已经过了 1 年，而飞船上只过了 1 天。这不就是古代神话里的"天上一天地上一年"吗？！这其实不是神话，是经过证实的物理学，科学家称之为相对论的时间膨胀效应，即钟慢效应。

在狭义相对论的时空观里，运动的体系相对静止的体系，其时间、空间都发生了变化，唯一不变的就是光速！这也是狭义相对论最最核心的思想，以及上文例子能够成立的关键！

有了运动体系的时间变换公式还不够，经过一些数学演算之后，可以进一步得到空间变换公式：

$$l = \frac{l'}{\sqrt{1 - \frac{v^2}{c^2}}}$$

在相对静止参考系里长度为 l 的尺子，如果以 v 的速度运动，那么在静止参考系里的人看来，它的长度收缩为 l'，如图 4-10 所示。这就是长度收缩效应，即尺缩效应。

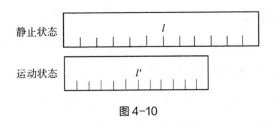

图 4-10

反过来，在以速度 v 运动的参考系中的人看来，自己是静止的，而静止参考系以 $-v$ 的速度远离自己，所以静止参考系的尺子也会变短。所谓尺缩效应，是一种相对的效应。

举个例子，汤姆逊坐在宇宙飞船上观看地球举行的篮球比赛，身高平均两米的篮球运动员在汤姆逊看来，可能会缩成一米的小矮子，而且篮球也会缩扁，看起来将非常有趣。

钟慢与尺缩效应初听起来不可思议，但经过多次检验确实是真理。如日常会使用到的 GPS 卫星导航系统，由于卫星速度很快，则不得不考虑相对论效应，卫星上的时钟每天比地面快 38 微秒，一天累计下来水平方向误差可达到 10 千米。因此 GPS 导航系统设计之时，就必须考虑时间膨胀效应，矫正时钟走动的频率。

4.1.7　光子穿越宇宙的奥秘

对于人类而言，移动几百米的距离需要步行好几分钟；如果走几千米则需要一个小时；如果更远一点，如 100 千米，那就会选择乘车前往了；再远一点比如 1000 千米，就该乘坐飞机了。有人说距离产生美，实际上是距离产生"累"，要费不少劲才能完成空间的位移。

再来看看光，光子拥有 30 万千米 / 秒的速度，穿越 1000 千米的空间完全不叫事，穿越地球到月球的距离只需要一秒多，用 10 万年的时间就能横穿整个银河系。光子的速度对于长着两条腿的人类来说，实在是不可思议。为什么广袤的空间对于光子来说如此容易穿越？

好了，我们用狭义相对论的尺缩效应来看看光子的世界。对于光子而言，地球上的一切物体都在以光速 c 远离自己，套用尺缩公式可知，当 v 达到光速 c

时，l' 便无限接近于零！

也就是说，光子眼中的地球长度收缩为零，穿越起来自然不费吹灰之力。

我们可以把这个结论进一步深化：假如宇宙是有限的，那么对于光子而言，其运动方向正前方的整个宇宙空间长度为零！其运动方向正后方的整个宇宙空间长度为零！其运动方向左边、右边由于速度分量不为光速，会呈现一定的空间长度，但也是有严重的变形的。

如图 4-11 所示便是光子眼中的宇宙，也就是说，自己静止着，正前方正后方的宇宙全部被压扁，厚度为零，左右两边能够看到一些变形的宇宙场景。需要再强调一下，光子看到的宇宙，并非宇宙的绝对图景，只是那个光子自己所认知的世界。

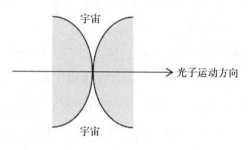

图 4-11

假如有一天人类的科技进步到相当高的水平，可以乘坐亚光速飞船进行太空航行，宇航员就可以真实感知光子所见的世界了，也就是正前方、正后方的世界被压扁，长度趋近于零的景象。如果速度足够快，那么就连宇宙边缘的景色也将收入宇航员眼中，成为前方、后方视觉界面上瘪瘪的一层。届时，宇宙之外是什么，大概也能看到一二。

4.1.8 质速原理

不仅仅时间、空间是相对的，质量也是！

质量这个概念最早是培根在 1620 年提出的，他说作用力依赖于质量，从而把质量与作用力联系了起来。

牛顿随后进一步将质量的定义予以明确，牛顿第二定律 $F=ma$，表示在相同的作用力 F 下，获得加速度 a 越大的物体，质量 m 越小。如果将一个基础物体的质量定义为 1 千克，那么其他物体根据牛顿第二定律的比例关系，其质量也就都确定了。

类似于时间、空间，在牛顿经典力学里，质量也是一个不需要太过纠结的物理概念。

关于质量还有一个重要的物理公式，那就是动量守恒。

请想象一个桌球撞击的场景，如图 4-12 所示。

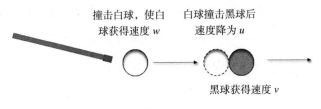

图 4-12

用球杆撞击白球，使其获得 w 的速度，接着白球滚动撞击黑球，撞击后白球的速度降下来变成 u，黑球获得了速度 v，最后黑球滚入球洞。这幅画面是日常可以见到的简单图景，用动量守恒描述就是：

$$m_白 w = m_白 u + m_黑 v$$

这应该是很好理解的一个等式。一般情况下，白球、黑球的质量是相等的，也就是 $m_白 = m_黑$。既然相等，那么我们就把公式两侧的质量全部消除掉，得到：

$$w = u + v$$

上面的式子是不是见过？没错，它就是经典物理学里面的速度合成公式。我们刚读完这部分内容不是吗？然而，在相对论里，速度合成公式是需要修改的！如果 u 和 v 都达到光速，那么 w 也只能等于光速，这样，上面动量守恒式子 $m_白 w = m_白 u + m_黑 v$ 就变成 $m_白 c = m_白 c + m_黑 c$，这显然不正确了！唯一可能的解释就是物体在接近光速时其质量会发生变化。

经过计算，不难得出如下的质量变换公式：

$$m = \frac{m_0}{\sqrt{1 - \dfrac{v^2}{c^2}}}$$

这一公式又被称为质速原理。当速度极其接近光速时，在静止参考系中的人看来，物体的质量会接近无穷大。对于电子这样质量充分小的物体，科学家已经可以通过高能加速器将其速度变为亚光速状态，但想无限接近光速，则十分困难。即便把加速器建成银河系那么大的规模，也不可能将电子加速到光速，究其原因，质速原理已经给出了答案。

对于人体这么大质量的物体，加速起来则比电子困难得多。如果是科幻电影里的宇宙飞船，除非穿越黑洞，否则是不可能实现光速飞行的。

有读者会说，光线不就是以光速移动的吗，也没说质量无限大啊。没错，这就是光的特殊之处，光子的静止质量为零，不受质速原理影响！也正因为光子质量为零，物体可以持续不断地对外发光，质量却不会有任何减少。

4.1.9 质能方程

从狭义相对论出发，爱因斯坦还给出了一个家喻户晓的公式：

$$E = mc^2$$

这就是著名的质能方程，深刻地解释了能量与质量的关系。

还记得第 1 章中被汤姆逊吃掉的 200 克面包吗？用面包的质量代入方程，将得到 1.8×10^{16} 焦耳能量。正常成年人一天摄入的总能量是 2000 大卡，如果汤姆逊能够完全利用面包的能量，那么吃这么一个面包，足够养活他 589 万年。

这个方程问世的时候，离人类发现核能还有 30 多年。等原子弹研制得差不多了，科学家在想原子弹的巨大能量究竟来自哪里时，才回想起质能方程，原来，有质量就能得到能量啊！

质能方程是一个等式，而且等号两边的物理量互不相同，这就意味着质量与能量是可以相互转化的。

质量转化为能量，这在原子弹爆炸中已经实现：元素铀质量减小，并释放巨大的能量。原子弹利用的还只是核裂变的能量；更加高效的方式是核聚变。在超高温高压下，氢同位素可以聚变为氦元素，从而释放更大的能量，这种原理与太阳发光发热的原理一样。核聚变的能源利用效率远远超过核裂变，其技术难度也大得多，需要创造超高温环境（5000 万摄氏度至 1 亿摄氏度）。

无论是核裂变还是核聚变，原料的质量只会部分转化为能量，质能方程的威力并没有 100% 发挥。真正能完全释放能量的方式是正反物质湮灭。当正反物质相遇时，会瞬间湮灭并释放中微子、光子等静止质量为零或接近零的粒子，在此过程中，质量完全转化为能量，比核聚变方式的利用率高 140 多倍。

至于能量转化为质量，这个并不容易证实。直到 2008 年，多国物理学家共同验证：原子核中的质子、中子是由夸克和胶子构成的，其中胶子质量为零，夸克质量占质子、中子质量的 5%。那剩余的 95% 的质量是哪来的？其实就是夸克与胶子相互作用的能量转换而来的，如图 4-13 所示。

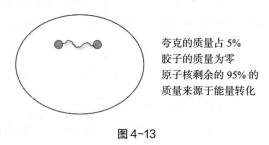

夸克的质量占 5%
胶子的质量为零
原子核剩余的 95% 的
质量来源于能量转化

图 4-13

4.1.10　双生子佯谬

关于狭义相对论，有一个不得不提的著名佯谬。

1911 年，当时的物理学界元老郎之万提出了双生子佯谬，用来质疑狭义相对论的时间膨胀效应。想象一对双胞胎汤姆和杰瑞，汤姆比杰瑞早出生一小时，是哥哥，杰瑞是弟弟。两人 20 岁那年，哥哥汤姆乘坐光速飞船去往太空，弟弟杰瑞则留在地球上。

30 年后，汤姆返回地球，此时杰瑞 50 岁了。在杰瑞看来，时间膨胀效应使汤姆的时间流逝很缓慢，他只老了 3 岁，两人再次见面时，弟弟 50 岁了，哥哥才 23 岁！这件事情汤姆怎么看呢？对于汤姆而言，杰瑞也是以光速离自己远去的，所以杰瑞的时间过得很慢，情况应该是自己 50 岁了而杰瑞才 23 岁！很显然，实际情况只会有一种，那么是哥哥对还是弟弟对，还是时间膨胀效应根本就不存在？

任何一个物理理论，如果通不过逻辑这道关，就无法被认可。

那么双生子佯谬有办法破解吗？

1966 年，实验物理学家给出了解答。科学家用 μ 子（μ 子是一种轻子，它带有一个单位的负电荷，自旋为 1/2，详见第 7 章）做了一个类似双生子佯谬的实验，让 μ 子以接近光速的速度沿直径 14 米的圆环运动，最后回到出发点。实验结果表明，运动的 μ 子寿命变长了。因此，在双生子佯谬里，哥哥汤姆乘坐光速飞船最后回到地球，他的寿命相对于杰瑞是延长了的，也就是说哥哥变年轻了。

4.1.11 时空一体

西方科学界在 2000 多年的时间里，从来没有人思考过空间、时间的关系。所有人看来，空间就是空间，它总是均匀分布的，就像一个大舞台，各种物理现象在这个舞台上尽情地表演，至于舞台本身则没有必要关注；与此同时，人们观念中的时间，就像是一条永恒、均匀流动的长河。

爱因斯坦不接受这种原始的、朴素的时空观，他通过狭义相对论证明，尺子占据的空间长度并非不变，而时间的分布则是有快有慢的，并非均匀流逝。爱因斯坦划时代的勇敢创举，宣判了机械自然观的终结，这是自然科学史上一次伟大的变革，它的意义并不仅仅局限于相对论的应用，而是将人类对自然的认知提高了一个层次。引述普朗克所做的一次演讲："爱因斯坦时空观的勇敢精神的确超乎自然科学研究和哲学认识论上至今所取得的一切大胆成果。"

今天的人们已经明白，时间与空间并不是割裂开来的，两者相互影响，互成一体。空间有三个维度，加上时间这一维度，这就是四维时空。另外，"相对性"已经成为坚不可摧的基本原理，在研究任何事物时，需要考虑其所处的相对参考系，以及观者所处的参考系。

对于狭义相对论最简明直接的解读，是一个小伙子坐在公园长椅上，如果他旁边坐了一位知性美女，那么两个小时都嫌短；反过来如果坐着一位沉默老者，那么 20 分钟都嫌长。这当然是一个小笑话，但的确反映了理论的精髓，那就是时间的流逝因人而异、因事而异，这个世界上并不存在绝对的、不可动摇的固有空间、固有时间，一切都是相对的。

4.2　广义相对论

狭义相对论问世之后，在人们还在消化尺缩、钟慢等概念时，爱因斯坦又于1915 年提出了广义相对论，从而彻底颠覆了牛顿经典力学的最后一个台柱——引力理论。

4.2.1　经典引力理论的问题

据说一颗苹果导致了万有引力理论的创立。那是 1669 年，26 岁的牛顿为了躲避瘟疫，住进了乡下农场。某天中午他躺在树下午休的时候，正好被苹果砸中而醒来，接下来他就思考出了万事万物都具有引力，也就是后世所熟知的万有引力理论。

万事万物当然都有引力，如手上提着塑料袋，一放手塑料袋就会自发坠落；又如倒一盆水，水会自发流向最低处。类似的例子在日常生活中随处可见。然而，引力到底是什么呢？谁也没见过地球上拴了根长绳子把月亮拽住，太阳也没有通过绳子把地球拴住，但月亮就是逃不出地球的控制，而地球 40 亿年来都稳定地围绕太阳旋转。

经典引力理论定量地描绘了事物运行规律，但其实并没有给出更加根本性的解释。另外，经典引力理论还存在一个众人没有察觉的细微问题，这个问题被爱因斯坦发现了。

4.2.2　引力质量与惯性质量

为了说明经典引力理论的问题，我们先看看静电场里的电子。

$$a = \frac{qE}{m}$$

式子中，q 为电荷大小，E 为电场强度，m 为粒子的质量。公式说的是电荷为 q、质量为 m 的带电粒子在电场强度 E 下的加速度为 a。这个公式已经被无数实验所证实，而且其含义也很容易理解，电荷作为电场的**反馈因子**，自然是电荷越大反应越强烈。与此同时，粒子的质量出现在分母项，粒子越重，就越难以挪动，一切都显得理所当然。

再看一下引力场下物体的加速度 a：

$$a=\frac{m_{\mathrm{G}}g}{m_{\mathrm{I}}}$$

式子中，m_{G} 是引力质量，m_{I} 为惯性质量，g 是引力场强度，a 是物体在引力场下的加速度。

怎么样，两个式子非常相似吧？其中 m_{G} 是物体对引力场的反馈因子，可以类比于电场中的电荷 q。

照理来说，引力质量和惯性质量本来不应该有任何关系的，类似于电荷大小不会与粒子质量有关系。然而，按照经典引力理论，引力质量与惯性质量相等，加速度与引力场强度 g 相同，导致 $m_{\mathrm{G}}=m_{\mathrm{I}}$，这其实是一个很大的事，但自从牛顿提出万有引力以来，直到爱因斯坦之前，没有人意识到这种巧合背后的意义。

为了进一步说明这件事的蹊跷性，我们拿四个球做实验，如图 4-14 所示。

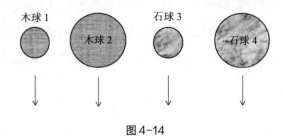

图 4-14

假设四个球同时坠落，木球 1 与石球 3 的大小一样，木球 2 与石球 4 的大小一样，四个球的惯性质量之比是 1：2：2：4，很明显，这四个球的大小、材料都是不同的。

实验结果毋庸置疑，四个球按照完全相同的速度坠落，这个结论伽利略已经得出过了。

在经典力学体系下，人们会说，万有引力 $F=\frac{MmG}{r^{2}}$，除以四个球的惯性质量，自然得到相同的加速度，于是四个球同时坠落。然而，为什么大小、制作材料不同的物体，它们的引力质量（对引力场的反馈因子）与自身的惯性质量会相同呢？

与此同时，惯性质量对应的往往是有一个明确的力作用到物体上，好比用手推了一下桌子，用绳子拉住桶，用吊车吊住石块，等等；但引力这种力却看不见、摸不着，从没看到有绳子拽着苹果下坠，也没看到有绳子把月亮绑在地球周围。

更严重的问题是，经典力学对应的引力属于超距力。

假如外太空突然冒出一个宇航员，那么地球会立刻对宇航员产生引力作用，没有任何时间间隔；更夸张的例子是，假如太阳一瞬间消失不见了，那么根据牛顿经典力学，地球会马上感受到太阳引力的消失。但按照相对论基本公设，没有任何速度会超过光速，相对论不会接受经典力学关于引力这种超距作用的解释。

4.2.3　等效原理

上文当中，爱因斯坦看出了经典力学关于"引力"描述存在的问题。如果经典的描述并不正确，那么突破口在哪里呢？

下面隆重介绍一下爱因斯坦电梯实验。

想象一名宇航员站在飞船中，飞船没有安窗户，宇航员没有办法看到飞船外的景象。假设他手里拿着一个苹果，当把苹果扔出去以后，可以观察到苹果加速坠落。

宇航员能否判断自己的状态呢？

答案是否定的。实际上，宇航员有可能处在某一个星球的表面，因此扔出去的苹果如同自由落体一般，加速坠落；也有可能是宇宙飞船加速飞行，从而导致苹果坠落。两种状态是等效的，宇航员没有办法通过物理实验，确定自己所处的真实状态。

上面的例子说明一个加速参照系与一个引力场等效，在没有更多信息的情况下，无法分辨彼此。这便是著名的爱因斯坦电梯实验。通过这样的思想实验，爱因斯坦提出了等效原理：

引力场与加速参照系等效，两者无法通过物理实验鉴别。

4.2.4　引力的本质

在广义相对论中，为了形象生动，科学家常常采用图形的方式进行表达，即在时空坐标上绘制曲线，来刻画物体的运动状态。其中有两条线非常重要，它们是世界线、测地线，其中世界线表示物体在时空中运动的轨迹，而测地线是时空两点之间的最短曲线。

相对论是阐述时空关系的理论，所以坐标轴上需要展示时间这一维度。举个例子，如图 4-15 所示，汤姆逊端坐在教室里，在三维世界里他一动不动，但在四维时空里他沿着时间坐标轴运动，那么他的世界线（世界线 1）就是一条垂直向上的直线。再如，光子向宇宙深处进发，三维空间里光子挪动了一定的距离，时间坐标上也挪动了一定的距离，于是光子走出一条 45° 的类光线。如果某个物体时而静止，时而以光速运动，时而以 0.5 倍光速运动，那么它的世界线（世界线 2）就是一条弯弯扭扭的曲线。

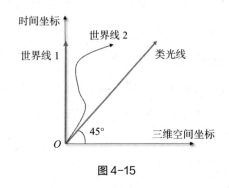

图 4-15

在平原上开车，任意两点之间的最短距离显然是一条直线，这条直线就是平原的测地线。而如果在起伏不平的山区开车，那么任意两点之间的最短距离是一条曲线，只有沿着最短的曲线行驶耗时才最短，因此山区里的测地线很可能是曲线。放在四维时空中，测地线同样意味着两点之间距离最短的那条线。

有了这个工具，回过头再来看看等效原理。**等效原理意味着引力场的效果与加速参考系是一样的。**

如图 4-16 所示，左侧是远离星球的加速参考系，宇宙飞船正在加速前进。在这种情况下，苹果本身没有受到任何力的影响，**苹果的世界线是一条直线**；而宇航员跟随飞船加速前进，他的世界线是一条曲线。在宇航员眼中，由于他自己走了曲线，导致他看到的苹果呈现加速坠落的状态。右侧图片是在星球附近的引力场中，此时苹果的世界线是曲线，原因是受到星球的引力吸引而发生坠落。

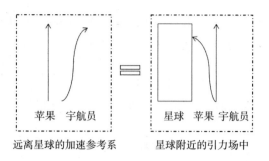

图 4-16

在上述分析的基础上，爱因斯坦提出了对引力的全新看法：引力场的存在导致时空弯曲，相应的测地线形态会发生变化。在平坦时空中走测地线的物体，其世界线为直线；在弯曲时空中，其世界线变成一条曲线，也就是随着时间流逝，空间位置加速偏向引力源，如图 4-17 所示。

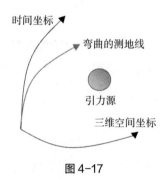

图 4-17

广义相对论是对经典引力理论的巨大颠覆，同时也改变了人们对于运动的认知。苹果坠地，其实并不是因为所谓万有引力的作用，而是因为在弯曲时空中需要走测地线，即随着时间流逝加速靠近引力源。

有读者想问，为什么要走测地线呢？

先来看平直时空，两点之间有无数路径，但只有直线是最特殊的，它的距离最短；同样，在弯曲时空里，测地线也是独一无二的线，两点之间可以有无数种连线的方法，而各种路径中，唯独测地线只有一条。

如图 4-18 所示，请把我们想象成不会思考的物体，从甲到乙可以有好多条路径，其中路径 A 和路径 B 的效果一样（长度一样）。由于路径 A、路径 B 对等，因此物体没有道理选择路径 A 而不选择路径 B。但路径 C 就不一样了，它的长度在所有路径中具有唯一性（要么最长，要么最短）。于是，不会思考的物体最终选择了这条具有唯一性的路径。

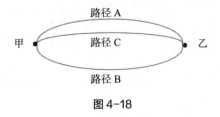

图 4-18

至于为何会选择具有唯一性的路径，物理学家们还没有认真回答过这个问题。类似于几何学的公理，"选择唯一路径"也是宇宙所表现出来的一个公理。读者有兴趣的话，可以做更深入的思考。

4.2.5 星光偏折

按照广义相对论，遥远星球发射的光线经过太阳附近的时空时，会受到时空弯曲效应的影响，走出弯曲路径。根据爱因斯坦的计算，假设太阳质量为 M，星光与太阳的距离为 $\varDelta$，那么星光的弯曲度 B 满足：

$$B = \frac{kM}{2\pi\varDelta}$$

这项预言乍一听是如此具有颠覆性，因为光走直线已经根植于人们的思想中。要知道太阳表面不存在大气层，光线是在真空中经过太阳附近的，而真空中的光线怎么可能偏折？

理论已经摆在世人面前，就看实验物理学家能不能印证了。

1919 年，第一次世界大战刚刚结束，英国作为战胜国对德国（战败国）仍然持有警戒之心。另外，英国自牛顿时代起一直是世界科学的中心，但后来这种中心地位正在慢慢转移到欧洲大陆，那里崛起的量子力学、狭义相对论，正在打破近代以来建立的自然科学秩序。在这样的背景下，牛顿故乡英国的著名科学家爱丁顿决定挺身而出，抛开国籍、世界形势等外在因素，去拥抱大自然的真理。

爱丁顿带领两组人马奔赴非洲的圣多美和普林西比、南美洲的巴西，他们借着日全食的绝佳机会，分别在地球的两端对遥远的星光进行了测定。其中一组在夜晚观测某一恒星的位置，另一组在白天利用日全食观测同一恒星的位置。爱丁顿团队克服了闷热、暴雨、蚊虫叮咬等种种困难，在艰苦的环境下拍摄了大量照片，最后仅仅两张照片显示了恒星的图像，如图 4-19 所示。经过加工、对比等处理，爱丁顿发现两张照片中该恒星的在轨位置有约一秒的差异，与广义相对论预言的 1.75 秒非常接近。

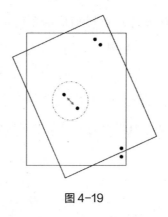

图 4-19

观测结果一经发布，引起了巨大的轰动。刚刚经历了第一次世界大战的人们此刻正需要战争之外的话题，当看到如此创世纪般的科学突破时，自然欢欣鼓舞。据说爱因斯坦本人对观测结果显得很平静，他说，如果观测结果不是如此，自己将对全能的上帝表示遗憾。

4.2.6　水星近日点进动

除了星光偏折，广义相对论还解决了困扰天文学家的水星近日点进动问题。

按照经典引力理论，水星应当沿着固有的椭圆轨道不偏不倚地围绕太阳运转。但实际观测显示，每 100 年水星近日点的位置会有 5600 秒的偏离。通过上百年的努力，天文学家们在经典理论的框架内将水星轨道由椭圆形修正为圆锥截线，如图 4-20 所示。上述修正可以解释其中 5557 秒的偏离，但剩下的 43 秒无论如何也找不到原因。

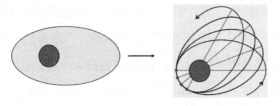

图4-20

这里的"秒"是天文学概念，43秒对应的角度是很小的，但自然科学不允许偏差，小小的偏差就说明一定是哪里出问题了！

在天文学家们一筹莫展的时候，爱因斯坦用广义相对论成功地解决了水星近日点进动问题。按照广义相对论，水星应当走测地线，而通过求解弯曲时空下的测地线方程，最终得出水星每100年的偏离角度对应的正好是43秒，从而一举解答了这个难题。

4.2.7 天体大蹦床

在经典引力理论中，行星像被看不见的"绳子"牵引着，围绕恒星旋转。与此同时，恒星又被看不见的"绳子"牵引着，围绕星系中心旋转。这些"绳子"是什么，牛顿没有告诉我们。换言之，经典引力理论只告诉人们天体按照万有引力公式运行，至于为什么会这样，则只字未提。

而广义相对论终于给出了这个问题的答案：大质量天体导致周边时空弯曲，小质量天体按照最优几何路径运动，从而造成行星的公转。

根据广义相对论，天体的运动就像蹦床一样。大质量恒星造成时空弯曲，原本平坦的时空变得弯折了，于是，小质量行星就会沿着弯折的轨道运动，如图4-21所示。

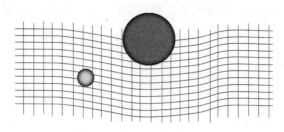

图4-21

几千年以来，人类一直把宇宙时空当成平坦的背景，但是广义相对论告诉我们，整个宇宙其实是起伏不平的丘陵，大质量恒星、小质量行星、卫星、陨石甚至光线，一切的一切都在这起伏不平的时空中运动，它们自发按照弯曲的测地线运动，当运动到大质量天体附近时，就容易陷入"坑里"，成为大质量天体的行星或者卫星。如果成功逃脱，也会走出曲线的轨迹。

大质量恒星进入生命晚期后，部分恒星会最终演变成黑洞，黑洞周围的时空无限弯曲，形成如图 4-22 所示的情景。

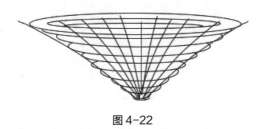

图 4-22

需要说明的是，由于广义相对论描绘的是四维时空，而书本上仅能够反映二维的图像，因此只能用于参考。真实的天体运动是更高维度的运动。

4.3　倾听创生的回响

4.3.1　早期模型

夏季的夜晚抬头仰望星空，能够看到天蝎座、人马座、天秤座、天龙座等许许多多的星座，这些星座从古至今都没有变换位置，一直按照固有的形态呈现在人们面前。古人曾命名多个星座，并且按照观测结果刻画了一个又一个宇宙模型。

最早期的宇宙模型认为天圆地方，地面被笼罩在巨大的天幕之下。

公元前 550 年，毕达哥拉斯提出地球的形状是球形，天上的太阳和繁星都围绕地球运转，最外面一层则是永恒的天火。

到了公元 130 年左右，古希腊科学家托勒密在前人基础上构建了一个拥有很多外壳的新模型，这个模型里地球静止不动，位于正中心，月亮、水星、金星、太阳、火星、木星、土星依次位于不同的外壳之上，最外层则是充斥着繁星的

"恒星天"，它们都沿着"均轮"围绕地球转动，如图 4-23 所示。

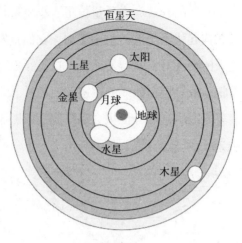

图 4-23

到了15世纪，哥白尼提出了日心说，这才终结了几千年来以地球为中心的观念。

16 世纪是天文发现大爆发的世纪，随着望远镜的发明及大量的观测行为，人们积累了宝贵的天体运行数据。丹麦天文学家第谷在丹麦国王腓特烈二世的资助下，花了足足 20 年的时间，观测得到了上千颗恒星运行的轨迹，编制了第一份完整的近代星表。

开普勒是第谷的助手，他利用第谷多年积累的观测数据，通过仔细分析研究，发现天体并非按照圆形轨道运行，其真实的轨道是椭圆形。进一步，开普勒总结出著名的行星运动三定律，为万有引力定律的发现打下了坚实的基础。

此后的天文学家进一步细化观测数据，发现太阳也并非宇宙中心。至 19 世纪末的时候，人们心目中的宇宙是一个浩瀚无边的空间，地球和其他八大行星[①]围绕着太阳运转，太阳系只不过是普通的恒星系，太阳系与其他星系共同围绕着宇宙中心运转。

4.3.2　场方程

广义相对论获得巨大成功之后，爱因斯坦并没有止步于对天体引力的研究，

---

① 当时冥王星被认定为行星，直至 2006 年被重新定义，冥王星才被国际天文联合会划为矮行星。

事实上，他把视野扩展到全宇宙，并且创立了现代宇宙学。为了建立模型，他提出了宇宙学原理：

宇宙是均匀的，且各向同性。

这个原理其实只是一种假设，但可以带来深刻的推论：

（1）静止或者低速运动的观察者（各向同性观察者）放眼望去，宇宙的亮度、密度、时空弯曲度都是一样的。

（2）各向同性观察者的世界线与同时面 Σ_t 正交，这个推论是说类似于地球的人类，考虑时间因素后的生命轨迹与本宇宙所处的同时面垂直，如图 4-24 所示。

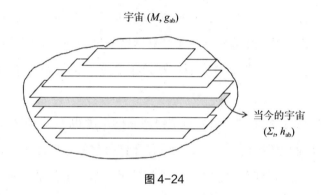

图 4-24

（3）宇宙具有最高的对称性，因此必然是常曲率空间。

按照上述假设并根据广义相对论，爱因斯坦给出了本宇宙的场方程：

$$G_{ab} = 8\pi T_{ab}$$

方程中，G_{ab} 为爱因斯坦张量，描述了时空弯曲情况。T_{ab} 为能量-动量张量，表示了物质分布和运动状况。很明显，方程两边都是动态的，宇宙的时空弯曲情况并不是一成不变的，而是会根据物质分布情况发生改变。爱因斯坦由此得出了一个动态宇宙模型，这与当时人们的认知不相符。那个年代人们仍然认为宇宙是静态的，为了不出现"动态"的局面，爱因斯坦在场方程中人为添加了一个神秘项 Λg_{ab}，使方程变成：

$$G_{ab} + \Lambda g_{ab} = 8\pi T_{ab}$$

神秘项 Λg_{ab} 类似于一个黑箱，爱因斯坦本人也不知道它的含义。通过增加这个神秘项，方程右边物质分布 T_{ab} 的变化仅仅会影响 Λg_{ab}，而不会影响 G_{ab}，

这样 G_{ab} 就可以是一个常量了，我们的宇宙就成为静态宇宙了。但很快，哈勃于 1920 年观测到宇宙在膨胀，证明了静态宇宙模型是错误的。于是，爱因斯坦"悄悄地"删除了这个神秘项。可过了不久，人们又发现宇宙不仅在膨胀，还在加速膨胀。那么，加速膨胀的动力来自哪里呢？为了表示宇宙加速膨胀的动力源，人们把神秘项 Λg_{ab} 又加了回来。如今，神秘项被用来代表暗能量，也就是推动宇宙加速膨胀的力量。至于暗能量是什么构成的，这是 21 世纪物理学天空中最大的一朵乌云，还在等待未来的科学家们对其进行深入的研究。

4.3.3 动态宇宙

1929 年，美国天文学家哈勃观测到仙女座星系中的一颗造父变星（中子星），其亮度会发生周期性的变化。通过测量这颗星的亮度周期及它的视亮度，不难算出该造父变星距离地球有 100 万光年之远（最终数据被修改为 200 万光年）。

这个结果震惊了天文界，因为整个银河系的广度也不过 10 万光年，这意味着仙女座根本不是位于银河系之内，而是位于河外星系。实际上，长久以来人们眼中的"宇宙"只是银河系，古人抬头看到的星空基本上只是银河系的星星，全部 88 个星座有 85 个来自银河系。哈勃的发现如同日心说的升级版，说明银河系也不过是宇宙中普普通通的一个星系！银河系外还有更广袤的空间。

哈勃未满足于发现河外星系，他持续观测，最终测量到 41 个河外星系的数据。哈勃发现星系发来的光线总是存在红移现象（向长波方向偏移），这种现象意味着星系正在相互远离。换言之，我们的宇宙正在膨胀！哈勃的工作被视为 20 世纪最重要的天文发现。

哈勃的观测事实传遍世界各地，爱因斯坦也开始重新审视静态宇宙观。最终，他接受了宇宙膨胀的观点。他回顾自己写下的场方程，并感叹增加的神秘项——Λg_{ab} 是自己一生犯下的最大错误。然而，爱因斯坦的结论又下早了。50 年后，人们观测到宇宙不仅在膨胀，而且是加速膨胀，这时候，Λg_{ab} 再次进入科学家的视野，这个神秘项就是导致宇宙加速膨胀的作用机制（负压强），也就是今天人们所说的暗能量。

4.3.4　宇宙简史

1950 年，美国物理学家乔治·加莫夫提出宇宙大爆炸理论。他假设宇宙的历史可以追溯到温度为 10^{10}K（K 即开尔文，是温度单位，0K 为绝对零度，0 摄氏度为 273.15K）的时期，并利用核物理的知识，给出了宇宙极早期的演化图景。此后，大爆炸理论不断获得天文观测结果的支持，发展至今已成为主流的宇宙理论。

1. 大统一时代

在宇宙诞生后的 10^{-36} ～ 10^{-6} 秒内，其温度在 1.5 万亿摄氏度以上，此时，强力、弱力、电磁力相统一，即表现为同一种力，这时的宇宙处在大统一时代，内部有大量 π 介子等粒子。由于 π 介子在超高温度下参与自然力作用的机制极其复杂，这个阶段还难以模拟宇宙所发生的情景。

2. 强子时代

当时间来到 10^{-6} 秒左右，随着温度的下降，自然界的作用力发生对称性破缺，强力与其他两种力分离，此时的宇宙已开始形成夸克等参与强相互作用力的粒子，宇宙学家称这段短暂的时间为强子时代。

3. 粒子热汤

当宇宙演进至 0.01 秒左右，温度下降至 1000 亿 K。

此时，宇宙间已充满各种基本粒子，包括光子、中微子、夸克、轻子等，这些粒子极度黏稠，每一个粒子的平均自由程非常短，也就是说粒子飞不了多远便与其他粒子发生作用，从而使宇宙达到热平衡状态。

这些粒子中的光子并不像今天这样可以随意在宇宙间穿梭，而是与带电粒子进行相互作用，宇宙学家称之为光子耦合。还有一类特殊的粒子——中微子，今天的中微子可以毫不费力地穿越整个地球，但在极早期宇宙中，中微子也必须参与相互作用，即与其他粒子耦合。

这个阶段的宇宙像极了一锅热汤，一锅搅拌均匀的粒子汤。此时，每种粒子都具有很高的能量。

4. 中微子退耦

宇宙诞生后 0.1 秒左右，温度下降至 100 亿 K，中微子不再与其他粒子发生作用，从而出现了耦合大家庭，这个事件被称为中微子退耦。退耦后的中微子在宇宙间畅行无阻，一直留存至今。实际上，由于中微子很难与其他粒子发生相互作用，因此从宇宙诞生后的 0.1 秒至今，大部分中微子一直存活着，可谓寿与天齐了。

5. 核子合成

在大爆炸后的 1 ～ 180 秒（最初的 3 分钟内），温度介于 $10^9 \sim 10^{10}$K，质子和中子的结合不再受到光子的分裂作用，从而开始形成稳定的核子。同时，由于宇宙的快速膨胀，只有双粒子间的快速反应得以发生。

具体来看，包括质子、中子合成为氘，以及质子、中子、氘等粒子两两合成为氚、氦-3、氦（注：氘、氚均为氢的同位素）。

再下一步则是合成锂。锂合成完毕后，原初核合成就终止了。所有比锂更重的元素全部是在恒星内部及其演化过程中产生的。

原初核合成的最终稳定产物包括氦、氘、氦-3、锂，按质量来算，这四种产物的比例为 1 ：10^{-5} ：10^{-5} ：10^{-10}，其中氦的比例非常高，原因是其稳定性极好，化学上称它为稀有气体，一旦形成不会轻易分解。其他产物的稳定性要差一些，且会不断合成其他物质，因此比例较低。

如今的天文观测发现，宇宙物质（可见物质）中氦的占比高达 23%。根据此前对原初核合成的讨论，不难理解其占比非常高的原因。

6. 结构形成

在宇宙诞生后的 10^9 年，也就是 10 亿年左右，星系开始形成。那时的宇宙物质大体呈均匀分布，但个别地方的物质密度略高于周边，于是在引力作用的影响下，物质开始聚集，这种效应类似于滚雪球，初期只是有一点点不均匀，到后期雪球越来越大，星系也是在这种效应下形成的。

1946 年，苏联物理学家、凝聚态物理奠基人朗道对膨胀宇宙的量子涨落被引力放大的效应做了研究，证明了微小的扰动最终会带来巨大的影响。

现在主流物理学界认可的结构形成理论是冷暗物质理论，认为结构形成过程是从恒星到恒星系，再到星系，最后到超星系团这样一种从小到大的过程，其中冷暗物质起到了关键作用。

4.3.5 还缺些什么

现代宇宙学以广义相对论为理论基础，经过几代科学家的研究，终于形成了今天的标准宇宙模型。

氦丰度与宇宙膨胀、微波背景辐射并称为标准宇宙模型的三大基石，标准宇宙模型是从爱因斯坦场方程出发，经哈勃观测结果的推动，以及粒子物理学的参与，共同形成的（大爆炸模型），它经受住了三大基石的考验，从而得到绝大多数科学家的认可。这三大基石成为标准宇宙模型之外的其他宇宙模型发展的最大障碍。此后，由于"视界问题""平直性问题""磁单极子"三大疑难问题，科学家们进一步提出了暴胀理论，完善了标准宇宙模型。至此，科学家们对宇宙已经有了深刻的认识，并且与目前的观测结果相符。

然而，似乎还少了点什么。

当我们看历史书的时候，我们能够感受到那些古老的画面，这些画面在不同的证据链条之间交叉印证，使得我们有理由相信书中描述的就是真实发生过的事。但没有人能够回到过去，没有人能够亲身经历曾经发生的事，没有人能够听到历史人物的真实对话，去了解事情的细节。

人类回不到自己的过去，但能看到宇宙的过去，这是因为过去发生的一些事件由于距离太远，即使以光速传递，还是用了很久的时间才被地球上的观察者看到。例如，如今观测到 10 亿光年外的超新星爆发，实际上是 10 亿年以前发生的事。

同样，对于标准宇宙模型，科学家们还需要搜集更多的证据，有些证据会进一步证实模型的正确性，但还有一些证据有可能推翻现有的模型。在相当长的时间里，科学家们能搜集的极限证据是宇宙诞生 30 万年至今的可见光、X 射线、γ 射线等。也就是说，长期以来科学家们无法取得宇宙诞生初期的证据，因此，所有的理论只是理论而已。

4.3.6 倾听宇宙诞生的回响

1917 年，也就是广义相对论提出两年后，爱因斯坦提出了引力波的概念，说的是剧烈的时空形变会像光波、水波一样向外扩散，所到之处的物质和时间都会被周期性拉长和缩短。比如说我们的太阳突然间收缩成一个黑洞，这将导致周围的时空突然间发生变化，这种变化就会形成引力波。

如图 4-25 所示，引力波经过物体后，在钟慢和尺缩效应下，物体会被震荡拉伸和收缩，其体验到的时间流逝速度也不同于往常。

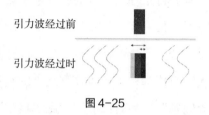

引力波经过前

引力波经过时

图 4-25

引力波的概念实在是太过超前，那时候人们连狭义相对论都没弄明白，更别说广义相对论及由此产生的各种推论了。

时间过了将近 100 年，来到 2015 年，美国的 LIGO 探测器终于捕获到了 13 亿光年之外传来的引力波信号，这个引力波是由两个黑洞相互碰撞产生的。两年后，诺贝尔物理学奖授予给了 LIGO 的科研牵头人。

LIGO 是一个超大型地面观测装置，长和宽各 4km，如图 4-26 所示。只有如此大型的设备才有可能探测到极其细微的时空形变。LIGO 的成功使得各国愿意继续加大投入，未来将会有更加大型的设备投入使用。迄今为止人类拍摄的第一幅黑洞照片是利用多个卫星联合，从而在超宽尺度上获取遥远深空的影像的。同样，未来的升级版 LIGO 也可能架设在不同卫星甚至地球与火星之间，由此探测到的引力波信号将比现在强几千万倍甚至上亿倍。

4km

4km

图 4-26

不同于以往的射电天文、光谱天文等研究方法，引力波不再靠"看"，而是靠"听"。宇宙深空发生的大事件，有时候并不会对外发射可见光、X 射线、γ

射线等电磁信号，传统的天文学无法观测到这类大事件。但有了引力波探测仪，即便接收不到任何光信号，也能观测重大的天文事件。

更重要的是，在宇宙诞生之初的 30 万年内，光子尚未脱耦，没有任何光信号能够游离出来。直到宇宙诞生后 30 万年左右，光子脱耦，我们的宇宙才开始变得透明。有了引力波探测仪，人类终于可以探听到宇宙诞生之初的回响了，并由此打开了全新的宇宙探索之门。

引力波是爱因斯坦相对论的最后一个预言，该预言终于在 100 年后得到了印证。在引力波之前，科学家们已经完成了相对论其他所有预言的印证工作，包括水星近日点进动、星光偏折、引力红移，等等。一般情况下，理论物理学往往是根据实验观测结果做出的归纳与总结，如牛顿运动定律、麦克斯韦电磁场理论等。但相对论不同，它是先有理论，再有实验观测，实验成为验证理论的工具。

相对论是汤姆逊大学物理的重要课程，这门课程深刻改变了他认识万事万物的观念。

狭义相对论刻画了时间与空间的关系，时空是一体的；广义相对论重塑了引力，整个宇宙其实是按最优的几何路径运行的；在广义相对论基础上发展起来的现代宇宙学，让汤姆逊重新认识了我们的宇宙，它是均匀的、广袤的、深邃的。在过去相当长的时间里，科学家们无法探听到早期宇宙的信息，只能进行模型推算。随着引力波的发现，科学家们终于能够获取宇宙原初 30 万年的信息了。相信技术的进步还会带来更多发现，科学家们将认识到宇宙更多的奥秘。

和薛定谔聊聊他的猫：

第 5 章

断开的空间

校园的夜晚很静谧，微弱的灯光照在光滑的石板路上，隐约呈现出教学楼和两旁树木的倒影。有时候汤姆逊和索菲亚下了晚自习，会在学校里溜达溜达。

这天汤姆逊想跟索菲亚开个玩笑，他快步走到前面，甩开索菲亚十来米，然后笑嘻嘻地说："咱俩玩个游戏，你来追我怎么样？"索菲亚听后摇了摇头，说："不用追了，我确实永远追不上你！"

索菲亚的体力不如汤姆逊，论跑步当然跑不过他。但实际上，索菲亚找了一个很好的借口，这个借口只有汤姆逊能够听明白。索菲亚的意思是把他俩比喻为古希腊芝诺诡辩里的运动员和小乌龟。索菲亚想说，自己是那个运动员，永远追不上汤姆逊这个小乌龟！

5.1 连续性的终结

5.1.1 芝诺诡辩

古希腊哲学家芝诺曾提出著名的诡辩，大意是说运动员在乌龟后面 100 米，运动员的速度是乌龟的 10 倍。当运动员朝乌龟跑了 100 米后，乌龟也向前运动了 10 米；运动员再追上 10 米，乌龟又向前运动了 1 米；运动员继续追 1 米，那么乌龟再向前挪动 0.1 米……如此反复，乌龟永远在运动员前边，运动员永远追不上乌龟，如图 5-1 所示。

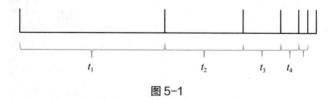

图 5-1

用微积分的方法很容易破解芝诺诡辩，那就是追近无限小的距离只需要耗费无限小的时间，所有无限小的时间累加起来（t_1 加到 t_n），会得到一个有限的数值，因此运动员在有限的时间内能够追上乌龟。

如果抛开数学计算，让我们想一想，运动员真的不能追上乌龟吗？在上面的讨论中，运动员离乌龟的距离分别是 100 米、10 米、1 米、0.1 米、0.01 米、0.001 米……如果说空间能够无限细分，那么芝诺诡辩还真不容易想明白。关键问题是，空间真的可以无限细分吗？或者说，空间真的是连续的吗？

5.1.2　紫外灾变难圆其说

20 世纪的开局之年，电子的发现者——汤姆生在英国皇家学会发表了《在热和光动力理论上空的 19 世纪的乌云》的演讲，他展望了 20 世纪物理学，说物理学大厦已经落成，但迈克尔逊 - 莫雷实验结果与以太学说相矛盾，同时黑体辐射的理论解释存在紫外灾变问题。前一个问题最终导致相对论的创立，而后一个问题则带来量子理论。

当时，随着工业的繁荣，人们对钢铁冶炼时的发光现象颇为着迷。随着炼钢的温度不断上升，达到 3000 摄氏度后，钢铁逐渐发出红光；随着温度继续上升，红色转变为黄色，进而呈现蓝白色，如图 5-2 所示。显然，温度与钢铁发光的颜色有着密切的关系。物理学家的研究课题之一，就是分析温度与光的波长的具体关系。

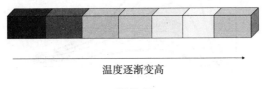

温度逐渐变高

图 5-2

红色、黄色、蓝白色，这些颜色的变化仅仅是肉眼感受而不是精确数值，因此科学家们不会跑到炼钢厂去做实验，他们必须用一种理想化物体来寻找光谱与温度的关系。科学家们找到的理想物体是黑体，也就是只吸收能量、不反射能量的物体，用专业一点的话来说，黑体是对任何波长的电磁波的吸收系数都为 1 的理想物体。比如，找一个密封的铁盒子，内部涂满黑色，外面挖一个小孔，就成为比较理想的黑体了。当辐射照进小孔，在铁盒子里被多次反射吸收后，入射的辐射完全被铁盒子吸收了，这样就满足了吸收系数为 1 的条件，如图 5-3 所示。

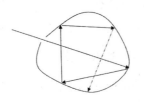

图 5-3

铁盒子持续吸收辐射会产生热，这个热的能量又会以电磁波的形式辐射出去。如果在上面的铁盒子上开一个孔，就可以探测黑体本身的辐射情况了。黑体辐射最大的特点是辐射波长仅与黑体温度有关，而与黑体的形状、材质无关。换言之，无论容器是方的、圆的还是长条的，都不影响探测结果，最终只有温度、辐射波长两个变量。

图 5-4 所示的是一幅黑体辐射的温度与波长的关系图。

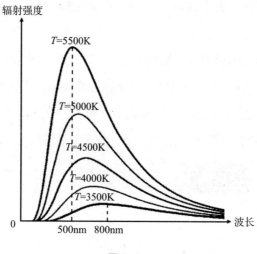

图 5-4

这个图看起来像一座山峰，黑体的温度越高，曲线越陡峭。当温度达到图中的 5500K 时，对应的黑体辐射强度峰值在 500 纳米波长的位置。此时放一个仪器在黑体开口处，检测到 500 纳米的电磁辐射强度最大，可见 5500K 与 500 纳米有对应关系；当温度降低到 3500K 时，黑体辐射强度峰值就移到了 800 纳米附近。我们知道，波长越长，能量越低，温度越低，黑体辐射的实验结果与人们通常的认知相符。

科学家们不满足于大致的对应关系，他们要用精确公式来衡量。1893 年，德国物理学家维恩根据实验数据得到了经验公式（维恩位移公式），公式与长波现象符合得很好，但对于短波则基本失效。当波长 λ 趋于零时，用公式算出来的能量趋向无穷大。无穷大似乎不应该出现在现实世界里，于是，人们把公式的计算结果称为紫外灾变。

1900 年和 1905 年，瑞利和金斯分别根据经典统计理论，得出瑞利－金斯公式。瑞利－金斯公式与维恩公式正好相反，在黑体辐射的短波段严格符合实验结果，但在长波段则基本失效。

小小的黑体辐射问题，居然碰到了如此蹊跷的僵局，两个公式像跷跷板的两端，一个有效，另一个就会失效！

5.1.3　量子的提出

1900 年 12 月，42 岁的德国物理学家普朗克在德国物理学会上报告了他的发现，他给出了新的黑体辐射计算公式：

$$\mu(\lambda, T) = \frac{8\pi hc^2}{\lambda^5} \cdot \frac{1}{\mathrm{e}^{\frac{hc}{\lambda kT}} - 1}$$

其中，$\mu(\lambda, T)$ 表示波长为 λ、温度为 T 时的黑体辐射能流密度。式子右侧的 h 为普朗克常数，c 为光速，λ 为波长，e 为自然常数，k 为玻尔兹曼常数，T 为温度。

这套公式将维恩位移公式、瑞利－金斯公式糅合在了一起，对各个波段的实验结果均严格相符。公式乍一看不起眼，但其震撼之处在于公式的推导用了量子的假设。即假定能量的吸收和发射不是连续的，而是一份一份的，最小单位是 $\varepsilon = h\nu$，其中 ε 代表能量，h 是普朗克常数，ν 是频率。根据普朗克的假设，能量只能是 $h\nu$ 的整数倍，即 $nh\nu$。

在普朗克所处的时代，连续性是物质世界最基本的假设，数学里面的微积分大厦就是建立在连续性基础之上的。普朗克的观点可谓开天辟地，为科学界打开了思想之门，由此开创了物理学的新时代，普朗克本人也被当作量子理论之父载入史册。

5.1.4　电子爬楼梯

1908 年，卢瑟福提出了原子行星模型，但这个模型有个致命的缺陷：电子像行星一样绕原子核运动会形成运动的电流，进而激发感应磁场，并向外辐射电磁波。按照经典电磁场理论，这样的结构将使原子不断对外辐射能量，从而使体系不可避免地崩溃，持续时间不可能超过 1 秒，如图 5-5 所示。

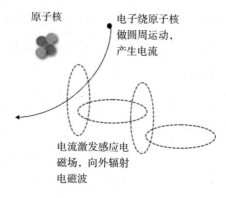

原子核

电子绕原子核
做圆周运动，
产生电流

电流激发感应电
磁场，向外辐射
电磁波

图 5-5

但实际上呢？原子稳稳当当地存在着。这就说明原子行星模型需要改善，或者麦克斯韦电磁场理论需要改善，或者两者全都要抛弃，并建立一套新的适用于原子的物理规则！

1913 年，年轻的丹麦物理学家玻尔接受了普朗克提出的量子假设，并在此基础上自创了一套原子轨道模型，如图 5-6 所示。

基态

图 5-6

玻尔的模型有点类似于电子爬楼梯，如图 5-7 所示。

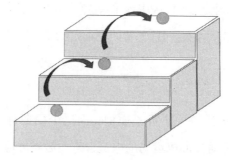

图 5-7

当电子位于第 1 级的时候能量最低。如果给电子足够的能量，它就能跃迁到第 2 级、第 3 级、第 4 级……第 N 级对应的能量是 $E(N)$；反过来，电子对外释放能量就会从高阶梯掉到低阶梯。玻尔模型告诉人们，电子永远不可能在第 1.5 级、第 1.76 级这样的非整数阶梯。

电子的运动满足能量守恒方程：

$$E(N+1)-E(N)=h\nu$$

其中 $h\nu$ 就是普朗克所提出的能量最小单位。

玻尔的模型具有划时代的意义，因为人们的观念中普遍认可的连续性理论被打破了，电子在原子中并不是无拘无束想去哪儿就去哪儿的，电子只能处在规定的能级状态（简称能态）。如果电子处于最低能态，那么就称为基态。此时电子的能量已经不可能更低了。反之，电子则处于激发态，有可能对外释放能量（光子），并落到更低的能态中。

至此，量子理论已经初具规模，并且能够解释大量的物理现象。

例如，日常生活中遇到的闪电现象，是由于云层之间的电压不同，从而在云层之间形成强烈的电势。在电势能的影响下，不同云层原子的电子开始脱离原始轨道，跃迁到高一级（或几级）的轨道上，并释放光子。当电子达到最高层级，并进一步脱离原子核的掌控后，便成为自由电子，同时释放大量光子，闪电因此形成。

再比如荧光石，如图 5-8 所示。

图 5-8

用高能量的紫外线照射荧光石，其会发出幽暗的光芒，这种光芒的产生是因为紫外线的能量传递给了荧光石原子里的电子，电子吸收能量从基态变为激发态，并对外释放光子。释放出来的光子频率显著低于紫外线，从而被我们的肉眼观测到，这就是荧光石的发光原理。

5.1.5 奇怪的酒店

想象一家有八层楼但没有电梯的酒店，每层楼都有八个房间。当客人们来入住的时候，由于大家都不想爬楼梯，所以都想住在很低的楼层。当一楼住满之后，再慢慢地入住二楼、三楼、四楼……有一天保安巡检，他惊奇地发现每层楼只有两个房间住了客人，剩余房间全部是空的。也就是说，客人们宁可爬楼，也不愿挤在同一层。

这家奇怪的酒店，实际上就是电子住在原子里的真实场景！

物理学家们通过研究元素光谱发现，原子每一个轨道上面的电子数量都是有限的，一般都是两个。这有点奇怪。按照通常的理解，电子应当全部挤在势能最低的位置，也就是挤在最低能态（基态），为什么基态没有住满，就有电子跑到其他能态上了呢？

1927 年，年轻的物理学家泡利解答了电子两两分布的问题。他提出了著名的不相容原理：

在同一个原子中没有两个电子可以处在相同的量子态。

这个原理指的是同一个原子里面的电子，绝对不会拥有完全相同的能量、角动量的大小、角动量的方向，以及自旋，也就是不会处于相同的量子态当中。

其中前三个指标容易理解，最后一个指标最为关键。电子的自旋不是指电子围绕固定的轴自转，而是一种微观粒子的内禀特性，纯粹属于一种量子现象。电子的自旋为 1/2，自旋投影取值为 -1/2、1/2，正好有两个自旋投影。这也就是为什么电子会呈现两两分布。

泡利不相容原理在天体物理学里起到了重要作用。恒星晚期核聚变接近于停止，恒星内部因核聚变产生的压力逐步降低，已不足以抵抗万有引力的作用，天体开始向内坍缩。当坍缩到一定程度时，会受到电子简并压的抵抗。所谓的电子简并压就是由于原子内每个能级只能容许两个电子存在，在把原子向内压缩到一定程度后，原子不容许外层电子向内层收缩，从而产生的能抵抗住引力坍缩的作用力。此时的恒星演化为白矮星，并且继续稳定存在几亿年至几十亿年。当然，如果恒星初始质量太大，电子简并压不足以抵抗引力，那么天体会进一步坍缩成中子星（获得中子简并压支撑）。

5.2　存在性的坍塌

量子概念的提出、玻尔模型的建立及不相容原理都属于旧量子理论体系，这个体系突破了连续性假设，但仍然秉持"轨道"的概念。此后，薛定谔、海森堡、玻恩等人掀起了新一轮的认知革命。

5.2.1　脱靶神枪手

想象有一名神枪手，百米之外可以击中靶子的中心。神枪手随身携带一把高能粒子枪，来到微观世界一展身手，目标是打中原子核附近的电子。他把电子当成移动靶，瞄准后开了一枪，结果什么都没打到！此后神枪手试图提升武器性能，并且夜以继日地训练。过了一段时间他又去打靶，但仍然没办法打中。

事实上，神枪手将永远打不中电子，原因是电子位置一旦固定，那么其速度为无穷大，神枪手再厉害也打不中速度无穷大的靶子；反过来，如果电子速度是确定的，那么其位置就弥漫到全宇宙，这样仍然不可能打中！

1927 年，德国物理学家海森堡提出了著名的不确定性原理，用数学方式描述为：

$$\Delta p \times \Delta q \geqslant \frac{\hbar}{2}$$

上式中 $\hbar$ 是约化普朗克常数（等于 $h/2\pi$），Δp 表示动量的变化量，Δq 表示位置的变化量。

海森堡的不确定性原理一开始也被称为测不准原理，是说要得到粒子的精确位置，那么其速度参数就模糊不清了；反过来要知道粒子的精确速度，那么其位置就模糊不清了。还是用电子举例，当人们测定的电子速度精确到小数点后五位时，电子的位置就在 25 立方米的空间里面飘，谁也不可能搞清楚具体在哪。当测定电子位置的精度达到 10^{-11} 米（原子直径的 1/10）时，那速度的误差就在5000 千米 / 秒以上了。

这种测不准并非仪器性能问题，而是物质本来的秉性！

图 5-9 所示的是科学家用量子显微镜拍摄的电子云图像。电子受到电磁力作

用被束缚在原子内部，而原子内部是非常微小的空间，这意味着根本找不出电子的具体位置和速度，电子只能像云层一样，罩在原子核四周。

图 5-9

不确定性原理对经典物理学，或者说人类对物质世界的基本认识，产生了致命性的打击，其打击的目标是存在性。笛卡儿说，存在即合理，显然，"存在"是人们长久以来对客观世界的基本判断。辩证唯物主义认为，物质是客观存在的，也是把存在性作为构成物质世界的基本原则。然而，海森堡却将物质世界的不确定性向世人做了揭示。

不确定性原理还有一种变体，即：

$$\Delta E \times \Delta t \geq \frac{h}{2}$$

上式当中，ΔE 是能量的变化量。我们经常在一些科普书籍中读到量子涨落，听起来深奥无比，实际就是当时间的变化非常短暂时，如达到普朗克常数的量级（10^{-34}），则空间当中，会有 1 焦耳的能量变化。如果时间变化再短暂一些，如 10^{-54} 的量级，则空间当中会有 1 万亿亿焦耳的能量变化。

注意，上文的空间包含真空，看起来什么也没有的真空，其实每时每刻都伴随着可怕的能量涨落，甚至会瞬时诞生新的物质对（正物质和反物质），之后又瞬时湮灭。

5.2.2 一切都是概率

经典物理学建立在连续性基础上，并运用微积分等数学工具进行定量分析。在经典力学中，小球会从一个位置经过无数空间节点，连续地滑向另一个位置，如图 5-10 所示。

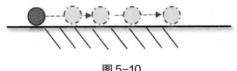

图 5-10

　　但量子理论创立之后，科学家发现物质世界并不是连续的，微观粒子从一个位置到另一个位置并不是连续滑动过程，而是通过无穷多种可能路径"跳跃"到新的位置的，如图 5-11 所示。因此，再用过去那套方程来描绘运动规律就不符合客观事实了。

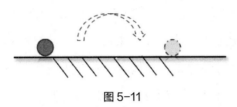

图 5-11

　　1927 年，海森堡用矩阵力学的方式对微观世界的运动规则进行了定量描述，在他的计算框架里，电子不再具有轨道的概念，而是离散的，其位置得用坐标表示（对应行列式的某一行某一列）。虽然海森堡的方式是正确的，但理解起来难度非常大，需要深厚的线性代数功底。

　　与海森堡几乎同时，39 岁的奥利地物理学家薛定谔用波函数的方式，表达了微观物质的运动规律。

　　海森堡、薛定谔都被视作量子力学的创始人。鉴于波函数更易于理解和计算，后世大部分都以薛定谔的工作为基础，进行更深入的研究。他的波函数形式如下：

$$i\hbar \frac{\mathrm{d}\psi}{\mathrm{d}t} = \hat{H}\psi$$

　　公式中，i 是虚数符号，在量子力学中体现相位，$\hbar$ 是约化普朗克常数（等于 $h/2\pi$），该公式是说只要知道初始时刻（$t=0$）粒子体系的状态 $\psi(r, 0)$，那么以后任何时刻 t 的状态 $\psi(r, t)$ 原则上也就确定了，其中 $\hat{H}$ 表示哈密顿算符，r 表示粒子的坐标。薛定谔方程给出了状态随时间变化的因果关系，是量子体系的动力学方程。

　　薛定谔发表波动方程之时，尚不明白公式的真正物理含义。起初，薛定谔试图把波函数 ψ 解释为三维空间中的振动，把振幅解释为电荷密度，把粒子解释为波包。但这种解释遇到了"波包扩散"的困局。

1927年，德国物理学家玻恩通过对散射过程的研究，提出了概率波的概念，这才使人们彻底从经典理论的束缚中脱离出来。玻恩认为，薛定谔波函数 ψ 并非真正意义上的波，或者说这种波并非客观存在，不是现实世界的某种波动现象，而是一种概率波。

根据玻恩的解释：

$$\rho(r) = |\psi(r)|^2$$

这个式子是说，波函数在 r 坐标的模（ψ 是复变函数，模是其长度）的平方，就是 r 坐标出现粒子的概率。反过来说，ψ 就是位置 r 的概率波。有了波函数，就能够知道粒子在空间中的分布概率。在经典概念中，粒子某时某刻总是处在固定的位置的，但量子力学告诉我们，某时某刻粒子处于全宇宙空间中，只不过越远的地方出现的概率越小，基本接近于零。当我们尝试观测粒子的时候，波函数就会坍缩，粒子就会选择某一个位置出现，如图 5-12 所示。

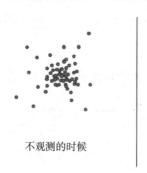

不观测的时候　　　　　　　　　观测的时候

图 5-12

玻恩的概率波解释是**量子力学的第一原理**！

玻恩是哥本哈根学派的代表性人物之一，因此玻恩的解释也被称为哥本哈根诠释，它的优点是：一次观测只会出现一个结果，这与日常经验相符。

除了第一原理外，量子力学还存在第二个基本原理。

在经典物理学中，波是可以叠加的，从而发生干涉、衍射现象。

量子力学中同样存在波函数的叠加。假设一个量子体系有一系列线性独立的可能状态 $\psi_1, \psi_2, \psi_3, \cdots, \psi_n$，则这些可能状态的线性组合也一定是该体系的一个可能的状态，这就是**量子力学的第二原理**。

由第二原理可知，量子体系往往不是一个波函数可以描述的，而是一组波函数及其线性组合构成的，量子体系会同时处于各种波函数的叠加态。叠加态不仅取决于各个波函数自身的状态，也取决于波函数之间的相关项。

5.2.3　生死不定的猫

玻恩的哥本哈根诠释实在是太过匪夷所思，连量子力学创始人之一的薛定谔都无法理解。1933 年，他提出了一个思想实验用来反驳哥本哈根诠释，也就是**薛定谔的猫**的佯谬：假设把一只猫放入不透明的盒子里，盒子内部安装了放射性原子核，以及装有毒气的容器。放射性原子核可能会衰变，也可能不会，完全随机，一旦放射性原子核衰变，就会启动毒气装置，从而杀死盒子里的猫。

按照哥本哈根诠释，如果不打开盒子（不进行观测），那么放射性原子核处于衰变 / 不衰变的叠加态中；一旦盒子被打开，放射性原子核则会随机选择一种状态，对应地，盒子里的猫也会立刻选择死或者活两种状态之一，如图 5-13 所示。

图 5-13

请问，盒子未打开之前，猫是死的还是活的？

在薛定谔的猫被提出之前，玻恩的概率波解释仅仅适用于微观世界，日常生活中完全没有必要担心波函数的陡然坍缩。例如，人们不会去想：客人来家里拜访，打开客厅门之前，主人正在房间中的不同位置游走，同一时刻既可能出现在沙发上，也可能出现在厨房或者卫生间中。一旦客人走进屋里，也就是主人被观察到时，主人就瞬间随机选择一种状态出现。

薛定谔的猫恰恰就是将宏观物体与微观粒子联系在了一起。由于盒子被打开之前，放射性原子核处于量子叠加态之中，导致宏观物体——猫也处在既死又活的叠加状态之中！最为不可思议的是，人的观测行为（打开盒子）导致了猫的波函数坍缩，使其立刻选择了一种死或者活的确定性状态。

物理学家们仔细思索这只可怜的猫的遭遇，想找出到底哪里出了问题。其实问题的核心就在于人的观测属于一种主观行为，量子力学之前的物理学从来没有哪一种理论会认可因为人的观测而改变物质本来的状态。可是，迄今为止又没有更高明的解释可以讲明白粒子的世界。在电子双缝干涉实验中，电子已经通过缝隙了，再来观察电子是从哪一道缝隙穿过的，也会导致干涉条纹的消失。除了概率波和观测导致波函数坍缩，还有哪种说法能说明电子的行为呢？

薛定谔的猫是如此的诡异，引发了人们潮水般的谈论。试想一下，当我们闭着眼睛时，物质世界处于量子叠加态，宇宙可能发生了或者没发生大爆炸，陨石可能击中了或者没击中地球，手里的杯子可能摔了个粉碎也可能完好无损。一旦我们睁开眼瞧一瞧这个世界，所有的可能性全部变成必然性，所有的叠加态立刻消失，宇宙又恢复了正常运转……

1957年，埃弗雷特提出了一个多世界诠释，想以此代替哥本哈根诠释。埃弗雷特说，两只猫都是真实的，有一只活猫，有一只死猫，它们位于不同的世界中。多世界诠释的提出使科幻界立马沸腾了，这种震撼效果，拍几百部电影观众也看不腻啊！

多世界诠释还有一个名字，叫作平行宇宙。按照这种诠释，电子通过双缝之后，去往了许许多多的平行宇宙，当人们用接受屏观测时，电子的波函数没有坍缩，人们看到的只是其中一个平行宇宙展示的结果。对于薛定谔的猫也是一样的，人们打开盒子看到的，只是其中一个宇宙里的那只猫。

多世界诠释解决了波函数坍缩，以及观测决定论的问题，客观世界还是客观存在的，不因人们的主观观察而改变，薛定谔的波函数也会一直演化，不会陡然坍缩。

但是，多世界诠释是不是牺牲得有点大？去掉主观观察的代价，是需要有无穷多个彼此不相干的宇宙的！想象一下，一个电子双缝实验就会带来几乎无穷多个宇宙，那物质世界中如此巨大数量的粒子会带来多少个宇宙？

不管怎么说，多世界诠释还是提供了一种可能性的解释，至少，由于平行宇宙彼此不相干，实验室也没法证伪这种说法。

5.2.4　隔空对话的粒子

量子物理之路似乎越走越邪乎，概率波、波函数坍缩……这一切如此离经叛道，连其创始人之一的爱因斯坦都看不下去了。他决定站出来，批一批充满不确定性的量子世界。

那时，爱因斯坦凭一己之力创立的相对论已得到诸多实验的证实，成为无可争议的物理学支柱，而另一个支柱量子理论却还在蹒跚行走，在理论基础、哲学思辨、实验结果等各个方面，都有许多需要思考清楚的事情。

1933 年，爱因斯坦在第七届索尔维会议上提出了著名的佯谬：

考虑一个不稳定的大型粒子，它在某一时刻衰变成 A、B 两个小粒子。由于自旋守恒，A 的自旋如果向左，则 B 的自旋必然向右。它们分开之后，经足够时间后 A 到了银河系边缘，而 B 仍然留在地球上。此时，科学家来观察其中一个粒子的自旋，一旦发现其自旋向左，则瞬间就能够判断另一个粒子的自旋向右。

要知道，两个粒子的自旋是完全随机的，两个粒子都没有携带通信设备，都不知道对方有没有被观测。上面的实验中，一旦 A 被观测，根据哥本哈根诠释，观测这个行为就会导致 A 的自旋从不确定的状态变为确定状态，与此同时，B 的自旋也瞬间从不确定的状态变为确定状态，这个过程相当于两个粒子之间以超过光速的方式进行了信息沟通！表面上看，这违背了相对论原理。

以上思想实验史称 ERP 佯谬，是提出者爱因斯坦、罗森、波多尔斯基的名字首字母缩写。

对于上述佯谬，哥本哈根学派的领导者玻尔并没有被吓到，他说，两个粒子其实一直是一个整体，即便被分开来看，仍然是相互联系的，并不存在什么超光速的信号。

玻尔的解释究竟是对是错，当时很难给出定论。后来的科学家们把他提出的观点称为量子纠缠，即两个以上的粒子会共同构成一个体系，这个体系的态函数为：

$$\Phi = \frac{1}{\sqrt{2}} \left(\psi_{1g}\psi_{2g} + \psi_{1e}\psi_{2e} \right)$$

上面的式子，并不能分解成两个独立的状态：

$$\Phi = \left(a_1\psi_{1g} + b_1\psi_{1e} \right) \otimes \left(a_2\psi_{2g} + b_2\psi_{2e} \right)$$

上述等式中，Φ 表示两个粒子归一化的态函数，ψ_{1g}、ψ_{1e} 分别表示第一个粒子在两个能级的态函数；ψ_{2g}、ψ_{2e} 分别表示第二个粒子在两个能级的态函数，a_1、b_1 和 a_2、b_2 分别代表第一个和第二个粒子在两个能级的本征值。量子力学的表达看起来相当复杂，其揭示的物理含义是粒子并不是孤立存在的，一个粒子的状态会影响另一个粒子，无法将两个粒子构成的体系拆分为单粒子态相乘。也就是说，两个粒子是彼此关联的，它们会组成一个共有的量子态，相互之间的状态存在明显的相关性，这种性质就叫**量子纠缠**。

爱因斯坦与玻尔之争持续了 30 年之久，到最后也没有形成统一观点。对于物理学本身而言，双方的争论实际上起到了推动的作用。爱因斯坦晚年仍然认为量子力学体系有不完整之处，因为一些核心的问题没有得到解答，所以量子力学还不能被称为完备的学问。例如，波函数坍缩这种哥本哈根诠释并没有揭露物质的本质，实际上仅仅是由于技术的限制，才导致人们没有发现真正的本质。

但到目前为止，哥本哈根学派关于量子行为的解释仍然是一种主流的解释，至少没有出现更有说服力的解释。与此同时，量子力学自 20 世纪 50 年代开始得到了大量的应用，彻底改变了人们的生产生活方式。不管量子力学是否完备，至少它对人类进步做出了重大的贡献。

5.2.5 贝尔不等式

量子力学是否完备？玻尔与爱因斯坦的争论孰对孰错？他们的论战吸引了很多物理学家和爱好者的关注。贝尔本来是加速器设计工程师，因为热爱物理学，贝尔开始思考两人的争论。

贝尔认同爱因斯坦的观点，认为量子理论表面上是对的，但理论基础仍然是片面的，并没有揭示最深刻的道理。在某个不为人知的角落，可能还存在量子隐变量，这种隐变量尚未被人们所发现。

为了检验真理，贝尔提出了著名的贝尔不等式：

$$|P_{xz}-P_{zy}| \leqslant 1+P_{xy}$$

假如正反电子构成的系统突然分离，正电子、反电子分别飞向不同的方向，经过足够长的时间后，有两名好奇的科学家同时测量正电子、反电子的自旋。P_{xz} 代表正电子在 x 轴的自旋、反电子在 z 轴的自旋的预期概率，P_{zy}、P_{xy} 同样代表预期概率。那么经过多次测量后，结果应该满足贝尔不等式。举个更简单的例子，一枚硬币有正反面，抛掷硬币后，每个面朝上的概率都是 50%。那么科学家不停地抛掷硬币，经过几百次、几千次统计后，会发现正面、反面出现的次数基本一致，这种结果将非常令人满意。

贝尔不等式成立的前提，是假如量子力学的世界里存在某种"隐变量"，这种隐变量就像导致硬币每个面有 50% 的概率朝上一样，"默默"地推动事物走向一个确定的结果，只是人们还不知道"隐变量"为何物而已。如果贝尔不等式成立，那么爱因斯坦是对的（也就是说量子力学体系不完整，还没有找出隐变量），如果该不等式不成立，则玻尔获胜。

根据贝尔不等式，科学家们设计出了检验量子力学完备性的实验。1982 年，法国物理学家阿斯派克特在实验室中证实了量子纠缠现象，试验结果表明，抛掷硬币的概率并非 50%，而是 20%、33%、78% 等不确定的结果，这意味着贝尔不等式的假设前提是错的，贝尔不等式不成立！量子力学的世界不存在所谓的"隐变量"，而是充满了不确定性。也就是说，量子世界与宏观世界的定域实在性有本质的不同，微观世界适用另一套方法论和世界观。

5.2.6　认知的飞跃

物理学历史上最玄乎的实验，大概就是电子双缝干涉实验了。为了更加深入了解量子力学，需要回顾这个著名的实验，如图 5-14 所示。

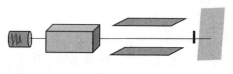

图 5-14

第一步，灯丝将电能转化为热能，从而加热阴极。热能使电子脱离原子核束缚。电子通过栅极后，在阳极电场作用下加速，然后在偏转线圈作用下形成固定的偏转角度，最终稳定的电子束被荧光屏接收并被显现出来。将镍晶体作为荧光屏前的阻隔物，镍晶体的晶体结构间隔大约为 0.1 纳米，比较适合作为实验所需的双缝。好了，实验可以开始了。

当打开电子枪后，荧光屏上果然出现了衍射图案。

衍射是波特有的特征，波峰与波峰相遇形成明亮条纹，波峰与波谷相遇抵消形成暗条纹。这个实验无疑说明电子具有波粒二象性，也就是说，电子既是波又是粒子。

第二步，我们需要将电子一个一个地发射。正常的理解是，如果电子一个一个地排着队通过双缝，那么干涉图案就会消失，有前有后总不至于相互干涉吧？

但实验结果显示，干涉图案依旧存在。

这就有点诡异了！

前一个电子通过双缝被荧光屏接收，后一个电子再通过双缝再被接收，这两个电子一前一后，不应该发生干涉啊，难道前一个电子知道后面还有电子，于是在半空中等了一会儿，等后面的电子来了再一起撞上荧光屏？

如果想知道电子在实验过程中到底是怎样运动的，就得找一个特制的相机放置在双缝之后，尝试拍摄电子的路径。

当相机开始工作时，荧光屏上的干涉条纹立刻消失，变成了单一的光点。

这太匪夷所思了！

有相机拍摄时干涉条纹就消失，难道电子真的有意识，不愿意让人们看清楚自己是走哪条缝的？难道人的观测行为会干扰量子世界的客观规律？

拍摄电子的路径没有成功，接下来可以再做一件事：电子在通过双缝之后，如果遮挡双缝中的某一个，那么干涉图案是否会消失？从经验的角度来说，电子已经通过双缝了，它投射到荧光屏的结果不应该会发生变化。

但实验结果很意外：

干涉图案真的消失了。

也就是说，电子在到达荧光屏之前，仿佛还回头望了一眼双缝，看到双缝被遮挡了一个，然后赶紧不干涉了……就好比把一个橘子从八楼扔下去，在橘子碰撞到地面之前的那一刹那，将八层楼撤掉，结果橘子会轻轻地落地，而不是摔烂……因果循环在量子的世界里仿佛都不适用了。

对于这一连串的实验结果，哥本哈根诠释是这么说的：

电子一个一个通过双缝仍然产生干涉现象，是单个电子跟自己干涉了！也就是说，电子同时从双缝的左侧与右侧通过，从左侧通过的电子形成的波函数与同时从右侧通过的电子的波函数相干，从而形成干涉图案。

当人们尝试用特制相机拍摄电子的时候，必然有外部的光子与电子作用，拍照的过程会破坏电子的波函数，导致波函数坍缩，于是不再有干涉条纹。同样地，在电子通过双缝之后，遮挡其中一条缝的动作，也属于外部世界干扰，也会破坏波函数。

所谓波函数坍缩，是说本来电子可以分布在宇宙的各个角落，当然，分布在越远的地方的概率越小，小到小数点后面有好多个零，几乎可以当成不会发生的事件。在实验中，电子可以同时经过双缝的左侧和右侧，记住，是同时经过，从而与自己干涉。如果发生波函数坍缩，那么不确定性就会消失，概率就变成100%，电子要么出现在A，要么出现在B，只会在无数可能当中随机选定一个。

电子双缝实验是物理学中最具震撼性的实验，因为它与人们的认知是如此的不同。关键问题在于，人们一直以来对物质世界的认知是不准确的，甚至存在很大的谬误。读到这里，我们再来重新审视一下连续性、客观实在性和因果律。

1. 连续性

一直以来人们都认为现实世界是连续的，就好比我们将手指向空中挥过去，手指走过的空间路径应该是连续地通过每一个无限小的空间区域的，最后串联成完整的轨迹。作为现实世界高度抽象的学问——数学，也是理所当然地将连续性假设作为不证自明的"公理"，如微积分就建立在无限可分的连续基础上。

但量子力学告诉人们，大自然存在一个细分的上限，那就是普朗克常数。对于空间来说，普朗克常数层级的空间就是能够细分的最小范围；对于时间来说，普朗克常数层级的时间也是能够细分的最小范围。对于普朗克常数层级以下的世界，那是量子混沌状态，不符合任何已知的物理法则，也没有讨论的意义。

当我们挥动手臂的时候，手臂其实是按照普朗克常数空间一格一格地推进的。

2. 客观实在性

"我愿意用鲜血盖图章保证，世界是物质的。"著名哲学家费尔巴哈如是说。

实际上，几乎所有人都相信物质世界具有客观实在性。人们普遍认为物质是独立于人的意志之外的，不以人的意志为转移的客观存在。物质的客观实在性很容易理解，比如月亮高高挂在空中，它不会因为人们看它，或者不看它而改变；河流静静地流淌，它不会因为某个圣人希望它停止流动而静止下来。

然而，当科学的触角深入到量子领域中时，客观实在性这个概念动摇了！

在电子双缝实验中，当人们尝试观测电子是从哪个缝隙通过的时候，电子的波函数会坍缩，从而不再显示干涉条纹。一旦观测仪器挪开，干涉条纹则再次出现。这意味着，干涉条纹的出现与否，与人们的观测行为有关，不再是一件不以人的意志为转移的事！

如果量子现象显现在宏观世界中，那么我们抬头会看到月亮，而背过身的时候，月亮会消失不见，同时存在于宇宙中的各个角落；我们低头的时候会看到河流，但背过身的时候，河流会流淌于宇宙的各个角落。听起来不可思议，不过量子的世界的确就是这个样子的。

20世纪初，人们观念中的电子是一个非常小的实体小球，这种实体小球的形象非常符合客观实在的哲学理念。然而，随着量子力学的崛起，电子的形象彻底模糊了，它肯定不是一个实体小球，不可能利用技术的方法看到电子的"真身"，因为它本来就没有真身。它也不是一个可以准确描述的波。不确定性原理决定了电子不可能在某个时刻准确地出现在某个位置（当位置测量绝对精确的时候，电子的动量无穷大）。电子成为一个飘忽的幽灵，理论上可以"同时"存在于任何地方，只是在被观测的时候，才会显现出一个电子的各种参数。换言之，电子及所有的粒子之于我们的宇宙，可能仅仅是一个投影，我们对电子的了解，也仅仅是通过观测的方法，看到这个投影的样子。

3. 因果律

一杯水被碰倒，结果水洒了一桌子，这两件事具有因果关系。水杯倒地在前，水洒出来在后，这是日常生活中再正常不过的逻辑。

类似的例子还有很多，如插上电源之后，手机显示充电状态，不可能手机先显示充电状态，然后才把电源插上；坐碰碰车，是两车先发生碰撞，而后车上的人才会尖叫，不可能车上的人先尖叫出来，之后车才碰上；太阳先从东方升起，大地才亮堂起来，不可能大地先亮起来，然后太阳再缓缓升起。

因果律是这个自然界最最正常的一种规律，不了解量子力学的人，绝对不会怀疑因果律。

现在重点来了！在量子世界中，因果律不再有效了。

在电子双缝实验中，电子已经通过双缝，而后关闭其中一道缝隙，显示屏的干涉图案会消失，这是著名的延迟选择实验。实验结果很令人惊讶，之后发生的事情仿佛能够决定之前的事情！

量子世界有许多奇异的现象。在宏观世界中牢不可破的因果律，在微观世界中动摇了。按照量子力学的解释，这是由于微观系统遵循统计规律，不能再按照宏观的直觉来认知微观世界。换言之，某些情况下在微观系统中讨论因果律并没有意义。

5.3　咬住尾巴的蛇

根据广义相对论，我们的宇宙如同超级大蹦床，大质量天体会导致时空弯曲、凹陷。当这种凹陷程度达到极致时，就会形成全新的天体——黑洞。

什么样的天体会演化成黑洞呢？初始质量达到太阳的 25 倍以上的恒星，其完成红巨星阶段后，如果剩余质量仍达到太阳质量的两倍以上，在巨大的引力作用下就会剧烈收缩，原本被核心球填满的空间，在一瞬间消失了，成为黑洞。

黑洞的引力场如此强烈，导致其附近形成极其扭曲的时空结构，甚至连光线都无法逃逸。科学家将奇点到光线被捕获的距离称为黑洞的事件视界，如图 5-15 所示。在此范围内，光线及宇宙间的一切物质和辐射，都再也无法逃出，这就意味着时空的一块区域空缺，人们没有办法看到区域内部的情况。

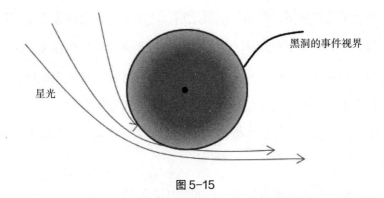

图 5-15

在相当长时间里，黑洞一直是猜测和假说。直到 2019 年人类首次利用虚拟射电望远镜（口径如地球般大小）在近邻超巨椭圆星系 M87 的中心成功捕获首张黑洞图像，才彻底证明了黑洞的真实存在，如图 5-16 所示。

图 5-16

黑洞最令人震惊之处，在于其体积无限接近于零，但质量却巨大，有的黑洞质量远超太阳。如果按照传统的密度定义，则黑洞的密度将为无限大！也就是说，大自然真实存在这样一种天体，能同时把无限小（体积）与无限大（密度）结合在一起！

这种结合令科学家既兴奋又无奈。

兴奋之处在于，数学家在草稿本上演算的无限小和无限大真实存在于大自然之中，"无限"是有现实意义的！

无奈之处在于，宏观领域的相对论与微观领域的量子力学本来相安无事，各管一方，但黑洞的存在使得两大理论联系在了一起，既需要研究极小尺度的量子理论，又需要研究超大质量天体的相对论。与此同时，两大理论天然存在不相匹配的地方。如表 5-1 所示。

表 5-1

理论	研究范畴	哲学基础	相互作用方式
相对论	宏观物体	连续性、确定性	时空几何结构
量子理论	微观物体	不连续性、不确定性	依靠光子、胶子进行作用力传递

从表 5-1 可以看出，相对论的哲学基础是连续性、确定性，宏观物体的相互作用是由时空几何结构所决定的。量子力学的哲学基础是不连续性、不确定性，微观物体的相互作用是靠光子、胶子进行传递的。两种理论如此截然不同，难以统一，所以对黑洞的研究也就十分困难。

20 世纪下半叶，物理学家霍金、彭罗斯等人对黑洞进行过定量分析，并且取得了黑洞蒸发理论等方面的研究成果，但他们的研究主要是对黑洞事件视界的分析。想要深入到奇点，也就是对那个体积无穷小、密度无穷大的点进行研究，则有赖于新的大一统理论。

如果说宏观大尺度是一条蛇的脑袋，微观小尺度是蛇的尾巴，那么黑洞的存在相当于蛇自己咬住了自己的尾巴，形成了一个圆形的闭环。在黑洞这样一种天体上，大自然终于把无穷小与无穷大结合到一处了。实际上，黑洞的奇点与宇宙大爆炸的创生奇点具有相当多的相似性，人类如果能够解答黑洞奇点的谜题，说不定就能解开宇宙创生的奥秘。

第 6 章

和黎曼一起看气球：
刻画时空的工具

广义相对论的基础是微分几何的演算，量子力学的著作中则包含各式各样的算符，实际上，物理学的发展离不开数学，深刻的物理学原理往往需要数学工具来表达，因此，数学也被称为皇冠上的明珠。为了更深入地理解现代物理学两大支柱，让我们跟着主人公汤姆逊和索菲亚，在数学的海洋里观赏那些美丽的贝壳吧！

6.1 气球与马鞍

转眼间，汤姆逊和索菲亚来到大二下学期，他俩一起见证了学校的百年校庆。

校庆这天格外热闹，从这里毕业的名人纷纷返校，为母校题词、祝贺。平日里朴素的校园此时绸带飘扬，工作人员找来了许多氢气球，让气球升在半空中，显得特别喜庆。汤姆逊仔细观察这些气球，有的上面印着学校的 Logo，有的印着标志建筑，还有的印着好看的几何图案，比如圆形、方形、三角形……

汤姆逊意外地观察到一个现象，如图 6-1 所示，他对索菲亚说："快看，三角形在气球上的样子，跟平面上的不一样！"

图 6-1

"哦，很正常啊，气球毕竟是一个曲面嘛。"索菲亚回答道。

正常人大概不会留心这种小差别，但这种小差别却导致了一整套数学理论的诞生，并进一步指导了广义相对论的问世，这就是黎曼几何。

6.1.1 从第五公设说起

公元前 300 年，古希腊数学家欧几里得创立了欧氏几何，这是对物质世界高度抽象后所形成的一门自然科学。他将身边事物的形状抽象成三角形、正方形、梯形、圆形，并运用严密的逻辑推理，找出不同几何形状之间的规律。今天的中小学生都会用笔和尺子画画几何图形、做做几何题，这些图形和问题无一例外都是源于欧氏几何。

欧氏几何是一个非常严密的体系，做到了逻辑自洽。在欧几里得的《几何原本》著作中，他列了五项公设（不需要证明的事情），包括：

（1）由任意一点到任意一点可作直线；

（2）一条有限直线可以继续延长；

（3）以任意点为心及任意的距离为半径可以画圆；

（4）凡直角都相等；

（5）通过平面外一点，有且只有一条直线与原直线平行。

由这五条公设出发，可以推导出整个欧氏几何的大厦，所以五条公设相当于地基，不可动摇。

欧氏几何还有一项重要结论，那就是三角形内角和等于 180 度。欧几里得告诉人们，将一块三角形掰成三份，将三个角拼在一起会得到一条直线。人们回去赶快拿三角形的物体来测试，发现果然会得到一条直线，如图 6-2 所示，于是非常吃惊。这并不是魔术，这是几何学。

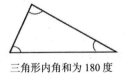

三角形内角和为 180 度

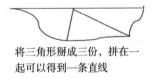

将三角形掰成三份，拼在一起可以得到一条直线

图 6-2

在欧氏几何创立后的 2000 多年里，人们在研究《几何原本》著作的过程中，发现欧氏几何基本都是运用前四条公设推理得到的，第五公设几乎没有用到，而且第五公设的表述明显比前四条冗长，能不能用前四条来证明第五条，从而把第五公设拿掉呢？

1826 年，俄罗斯数学家罗巴切夫斯基找到一个推导第五公设的新思路。他首先假设第五公设是错误的，然后提出一个和第五公设相矛盾的命题：

过直线外一点，至少可以作两条直线与已知直线平行【罗氏公设】。

罗巴切夫斯基用上述公设代替欧氏几何的第五公设，并与其他四条公设一起来论证欧氏几何的所有命题。如果论证过程中出现逻辑矛盾，就等于证明了第五公设。罗巴切夫斯基的方法就是数学中的反证法。

然而，经过细致入微的推导，罗巴切夫斯基发现整个论证过程在逻辑上毫无矛盾，他由此得到两个结论：

（1）第五公设不能被证明；

（2）用他的替代公设也可以形成一套完善的、逻辑严密的几何体系。

罗巴切夫斯基创造性的研究开创了非欧几何的历史，他的几何体系也被称为罗氏几何。

罗氏几何有一个重要的结论，那就是三角形内角和小于180度！我们可以找一个马鞍形状的物体自己画一个三角形上去，如图6-3所示，我们会发现三角形好像凹陷下去了一样，其内角和的确是小于180度的。

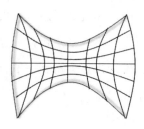

图6-3

既然有双曲面的几何学，那必定有球面几何，在球面几何当中，三角形内角和是大于180度的，如图6-4所示。

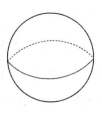

图6-4

1854年，德国数学家黎曼把欧氏几何第五公设改为：

过直线外一点，没有直线与已知直线平行【黎曼几何公理】。

从这一条公设出发，并结合欧氏几何前四条公设，黎曼发展了一整套完善的几何体系，这便是黎曼几何。

我们所处的地表就是一个球面，如果有两把无限延长的软尺，把这两把软尺平行放置，那么黎曼几何的第五公设告诉我们：两把软尺必定会在地表的某处交叉。有人会说，赤道线与纬线不就是相互平行的吗？很遗憾，纬线相对于地球表面来说并不是一条"直线"，不符合两点之间距离最小的定义。

6.1.2　食品加工厂

黎曼几何的讨论基础是微分流形，这个概念用数学语言解释会晦涩难懂，但用大自然的语言解释就很容易理解。想象有一天艳阳高照，人们纷纷在杆子上晾起床单，一会儿的工夫床单就干了。风吹过来还会把床单掀得"飞舞"起来。仔细观察这些床单，虽然风会把它们吹得弯曲不平，但仍然是光滑的，如图 6-5 所示。

图 6-5

再来看看巍峨的群山。大山蜿蜒起伏，每逢山巅就会耸立起尖尖的山顶，如图 6-6 所示。

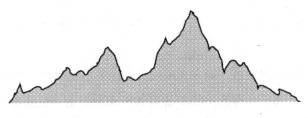

图 6-6

床单和群山，两者都是不平坦的，但最大的区别在于床单是处处光滑的，而群山有很多棱角。在数学世界中，光滑意味着可以进行微分计算，反过来，棱角则意味着微分计算得不到有意义的结果。数学家们把处处光滑的空间称为**微分流形**。

对于黎曼几何而言，微分流形仅仅相当于一座食品加工厂，这个工厂里能够制造许许多多的"美食"。但光有工厂还不够，还得有生产机器，这里的机器就是**映射**。

中学的时候学过的方程实际就是一种映射。

如 $y=x+2$，代入不同的 x，得到不同的 y。方程还有一种表达式，即 $y=f(x)$，其中的 f 就表示映射。映射的作用就是把投入的原材料变成产品，比如投入牛肉，生产出肉饼、肉条、肉干。

有了工厂和机器设备还不够，还得有原材料。数学家的原材料就是矢量和标量。

所谓矢量，就是有方向的量，比如描述一列从纽约开往华盛顿的火车，不仅需要说明它的速率（200 千米 / 小时），还需要说明它的行驶方向；如果这列火车从纽约开往芝加哥，虽然速率也是 200 千米 / 小时，但方向截然不同。与矢量相对的概念是标量，标量不存在方向性，如日常生活中人的身高、体重、血压及体温等。

数学家通常用 v 表示矢量。如果一台机器设备可以把一个矢量 v 映射为一个实数 R：

$$v | \to R$$

则称这种映射为"对偶矢量"。通俗地讲，对偶矢量就是一个方程，将矢量 v 投入进去，产出一个实数 R。

明白了矢量的概念就成功迈出了第一步，现在来看张量。张量这个概念要更高级一些。

如图 6-7 所示，张量也可以看成一座食品加工厂，但比生产肉条的工厂更复杂，它有两条生产线。一条生产线只能投入牛肉和生菜（**只能是矢量**）；另一条生产线只能投入面包（**只能是对偶矢量**），最终生产出汉堡包（**实数**）。

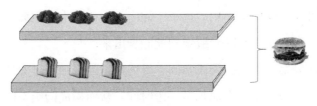

图 6-7

写成公式就是：

$$T = t(\omega^1,...,\omega^k\,;\,v^1,...,v^l),\ \ T \in F_v\,(\,k,\ l\,)$$

式中，将 k 个对偶矢量（只能在上一条生产线）和 l 个矢量（只能在下一条生产线）投入工厂，最终得到一个实数 T。

张量这个概念在自然科学、计算机等领域都有巨大的作用。由于张量没有维度限制，理论上可以计算任意复杂的问题。这两年人工智能的概念越来越火，人工智能的原理就是利用计算机进行张量计算。

回归正题，我们有了张量还不够，还需要知道张量的"长度"。这种情况下，数学家提出了一个"度规张量"的概念。度规张量就好像张量里面的一把尺子，可以用来丈量。它的完整符号是 $g(w^1,...,w^k\,;\,v^1,...,v^l)$，一般情况下，简单记为 g。

6.1.3　度量尺

用度规张量这个利器，可以先测试一下最简单的欧氏空间。

汤姆逊上课的教室就是一个欧氏三维空间。丈量教室里座椅的长度只需要简单的尺子就够用，因此其度规张量的形式特别简单，如图 6-8 所示。

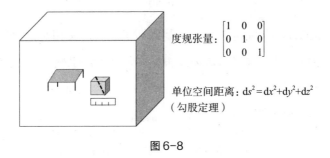

度规张量：$\begin{bmatrix} 1 & 0 & 0 \\ 0 & 1 & 0 \\ 0 & 0 & 1 \end{bmatrix}$

单位空间距离：$ds^2 = dx^2 + dy^2 + dz^2$
（勾股定理）

图 6-8

由图 6-8 可知，欧氏空间用“尺子”测出来的单位空间距离等于图中小方块的对角线长度，用大家熟知的勾股定理就能算出来。

比欧氏空间复杂一些的是闵氏空间。爱因斯坦的老师闵可夫斯基定义了四维时空，就是在三维空间基础上添加了一维时间，从而构成闵氏空间，这是描绘狭义相对论所需的空间，如图 6-9 所示。

度规张量：$\begin{bmatrix} -1 & 0 & 0 & 0 \\ 0 & 1 & 0 & 0 \\ 0 & 0 & 1 & 0 \\ 0 & 0 & 0 & 1 \end{bmatrix}$

单位空间距离：$ds^2 = -c^2dt^2 + dx^2 + dy^2 + dz^2$

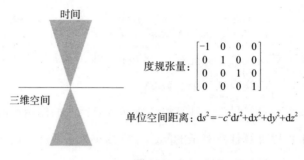

图 6-9

闵氏空间有过去的时间和未来的时间，单位时空距离跟光速 c 有关。

欧氏空间与闵氏空间都是平直空间。日常生活中难以看到弯曲空间，但可以用游乐园的摩托飞车做参考，如图 6-10 所示。摩托飞车的表演者不能沿直线运动，只能沿着球形的网前行。同样，丈量球形空间的“尺子”不能是直尺，只能是类似于圆弧形状的尺。

度规张量：$\begin{bmatrix} 1 & 0 & 0 \\ 0 & r^2 & 0 \\ 0 & 0 & r\sin\Phi^2 \end{bmatrix}$

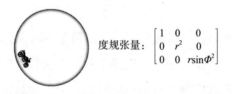

图 6-10

我们的宇宙同样不是完全平直的。爱因斯坦创立广义相对论后，曾经给出了本宇宙的度规张量，其中很多参数需要根据实际观测结果确定，如图 6-11 所示。

度规张量：$\begin{bmatrix} -1 & 0 & 0 & 0 \\ 0 & a^2 & 0 & 0 \\ 0 & 0 & a^2\sin^2\psi & 0 \\ 0 & 0 & 0 & a^2\sin^2\psi\sin^2\theta \end{bmatrix}$

$$ds^2 = -dt^2 + a^2[d\psi^2 + \sin^2\psi(d\theta^2 + \sin^2\theta d\varphi^2)]$$

图 6-11

实际上，不同空间有专属的度规张量。科学家们只要知道了度规张量，就能够知道相应的空间结构。

6.1.4　弯曲度

有了度规张量，就可以进一步计算不同空间的弯曲度了。

我们站在所处的三维欧氏空间来观测平面、球面、曲面，我们会说第一个形状是平直的，而后两个形状是弯曲的，如图 6-12 所示。这种弯曲是物体放置在三维空间当中显现出来的弯曲，数学家称之为"外在的弯曲"。

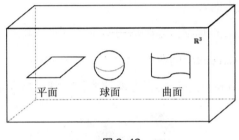

图 6-12

数学家真正要考虑的，是空间本身的弯曲，也就是空间的内禀曲率，这种曲率被称为黎曼曲率：

$$R^{\rho}_{\mu\nu\sigma}=\Gamma^{\rho}_{\mu\nu,\sigma}-\Gamma^{\rho}_{\nu\sigma,\mu}+\Gamma^{\lambda}_{\sigma\mu}\Gamma^{\rho}_{\nu\lambda}-\Gamma^{\lambda}_{\rho\sigma}\Gamma^{\rho}_{\mu\lambda}$$

公式中，Γ 是仿射联络场，R 是黎曼曲率，ρ、μ、ν、σ 均为变量，表示 n 维空间可以自由取值。其中上标表示矢量，下标表示对偶矢量，合计构成一个张量。还记得汉堡包加工厂的例子吗？多个矢量、对偶矢量投入加工厂里，最后得到的那个曲率就是一个实数值，也就是说黎曼曲率是个实数。

利用黎曼曲率的计算公式，不难算出欧氏空间、闵氏空间的曲率为零，对于更复杂的空间，其曲率就不再为零了。如果大于零，可以想象为类似球面的空间；如果小于零，可以想象为类似马鞍面的空间。

爱因斯坦基于黎曼几何给出了本宇宙的场方程：

$$G_{ab}+\Lambda g_{ab}=R_{ab}-\frac{1}{2}Rg_{ab}+\Lambda g_{ab}=8\pi T_{ab}$$

上述场方程描绘了宇宙的时空曲率 R 与温度等因素的关系。根据场方程，本宇宙并非一个曲率为零完全平直的时空，而且宇宙的时空曲率是随着时间、温度等因子的变化而一直在变化的。

6.1.5 重新审视我们的宇宙

有个特别有趣的思考题，那就是：宇宙到底有没有边界？

这个问题很多人进行过思考，答案无非是有界、无界两种。如果是有界，那么一旦来到宇宙的边界，外面又是怎样的图景？是实心水泥墙？听起来匪夷所思。如果是无界，那么宇宙曾经诞生于空间为零的奇点，从空间为零到空间无穷大这个过程是怎样发生的？

在大家都没有头绪的时候，爱因斯坦给出了一种可能性，那就是宇宙有限无界，从而同时解决了上述两个问题。

为了理解有限无界的概念，我们先来看著名的莫比乌斯带，如图6-13所示。

图6-13

在莫比乌斯带上，任意一点向两端发出的直线，都不会碰到边缘，也就是说在一个有限的图像上永远找不到边界。

类似的例子还有克莱因瓶。用克莱因瓶装水，将永远装不满。在二维平面画出来的克莱因瓶只是参考图，真实的克莱因瓶处在四维空间之中，瓶身之间不相交，即便太平洋的水都倒进去也不会溢出来。

对于我们的宇宙图景，爱因斯坦当年给出了一个经典的例子，如图6-14所示。

图6-14

图 6-14 中是一个不断膨胀的气球，非常类似于加速膨胀的宇宙。气球上的二维小人无论朝哪个方向走，也永远找不到边界。

无论是莫比乌斯带、克莱因瓶还是膨胀的气球，其共同特点是时空大幅度弯曲，测地线绕了一大圈最终回到了原点。换言之，宇宙的真实图景取决于时空曲率 R。经过科学家测定，本宇宙的时空曲率 R 基本接近于零，即宇宙基本平直，并不会发生上文所述的奇景。真实的宇宙很可能是无边无界的空间合集。

虽说宇宙整体上曲率为零，但部分区域，如黑洞所在的区域，曲率会是一个极高的值，由此造成时空极度扭曲，或许会形成某种想象不到的怪异结构。

图 6-15 所示结构被称为爱因斯坦－罗森桥，由白洞连接宇宙不同的两个区域。穿过这个白洞将迅速达到宇宙的另一个地方，实现空间穿越。受技术限制，人类还没有证实白洞的存在，但理论上白洞的确有存在的可能。正如爱因斯坦所说："想象力比知识更重要！"宇宙已经多次呈现其超出常识的方面，只要有想象力，似乎一切皆有可能。

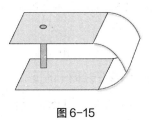

图 6-15

6.2　神奇的算符

（注：本节需要一定的数学基础。读者可以跳过本节，不影响后续阅读。）

6.2.1　登山活动

让我们回到主人公汤姆逊和索菲亚的故事。校庆那天下午，学校组织大家一起登山。学校所在的镇子附近有座 200 多米高的小山，每年秋天会漫山红叶、美丽壮观。

大家乘坐校车不一会工夫就来到山脚下。这次活动前三名登顶的同学可以得到小奖品。汤姆逊和索菲亚似乎不在乎奖品，两人走得很慢，落在大部队后面，欣赏着两旁的美景。

"听学长们说，登山活动每年的冠军都是同一个人，跑得飞快，半个小时就到山顶了。"索菲亚说。

"这速度真是没的说，"汤姆逊感叹道，"换作是我，两个小时都爬不上去。"

"我也差不多，可能得三个小时吧。"索菲亚附和道。

半个小时、两个小时、三个小时，这些都是时长的概念。路程是固定的，登山耗时不同，意味着平均速度不同。比起平均速度，数学家们更关心瞬时速度。如得冠军的同学，他在山脚下时的速度是 10 千米 / 小时；到半山腰后有点跑不动了，速度下降到了 5 千米 / 小时；快到山顶时进行冲刺的时候速度又达到 8 千米 / 小时。

朴素的数学可以用文字做些不精确的描述，近代数学则强调精确的刻画。牛顿和莱布尼兹发明的微积分，正好可以极其精确地表达瞬时速度，具体来说，瞬时速度就是运动路程对时间的导数：

$$v = \frac{\mathrm{d}x}{\mathrm{d}t}$$

d 是导数算符，表示距离 x 随着时间 t 的变化率。把时间 t 的具体数值代进去，如 $t=1$ 秒，也就是说在 1 秒的那个时刻，登山冠军的瞬时速度是 10 千米 / 小时。这样一下子就把复杂问题给简单处理了，这种运算也可以称为微分运算。

与微分相对的概念是积分，积分最适合求曲线包围的面积，如图6-16所示。

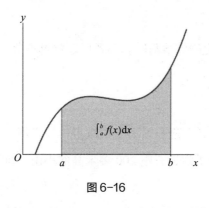

图 6-16

通过图 6-16 很容易看出来，求某一个曲线下方的面积，只需要用公式

$\int_a^b f(x)\mathrm{d}x$ 就可以计算出来。导数的概念可以进一步延伸成偏导数概念，即至少两个因素会发生变动。偏导数用符号 ∂ 取代 d。只要看到 ∂，就知道是偏导数的概念。

导数在物理量中，最典型的应用就是速度、加速度：

$$v = \frac{\mathrm{d}x}{\mathrm{d}t}$$

$$a = \frac{\mathrm{d}^2 x}{\mathrm{d}t^2}$$

加速度是速度对时间的导数，也是距离对时间的二阶导数。

6.2.2　爬坡可真累

爬山的前 50 米很顺利，因为体力充足，汤姆逊和索菲亚都不觉得多累。然而爬到半山腰的时候，体力消耗得就比较多了，汤姆逊渐渐感觉有些累，时不时捶捶自己的腰，捏捏自己的腿。

如图 6-17 所示，想象小山的底面位于平面，山的高度用 z 表示。

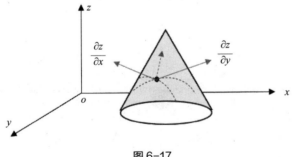

图 6-17

汤姆逊爬山的时候并不是沿直线爬到山顶，而是弯弯绕绕爬上来。一会折向东、一会偏向西，盘绕着向山顶行进。

向东的方向用 x 轴表示，向西的方向用 y 轴表示。当 x 固定不变时，高度 z 就是 y 的函数，$\frac{\partial z}{\partial y}$ 是一条切线；当 y 固定不变时，高度 z 就是 x 的函数，$\frac{\partial z}{\partial x}$ 是一条切线。运用平行四边形法则，可以计算出一个新的矢量，这个矢量就是汤姆逊所在位置的梯度。

梯度的符号是 ∇，计算出来的梯度是一个具有方向的量。

如果汤姆逊与索菲亚在平地上走，那么梯度的大小就是零，这很容易理解。反过来，他们登了一座比较陡峭的山，那么梯度就会比较大。汤姆逊在半山腰上，梯度的方向一般就是指向山顶的。

对于没学过微积分的同学来说，形容一座山难爬，只能用文字描绘成山很陡、山特别难爬。反过来，知道了梯度概念就可以定量刻画了，不仅能准确刻画具体坡度，还能给出山顶的方向。

6.2.3　池塘的旋涡

梯度主要用于标量场，比如温度场。但是，很多物理量其实是矢量，也就是有方向的量，对应的场是矢量场，比如 U 形磁铁周围的磁场，不仅具有大小的变化，而且每个位置的磁场方向还不同。这时候，就需要用散度与旋度来描述了。

如图 6-18 所示的是一个带电粒子，我们选取一块小区域，这个小区域在粒子之外，那么从小区域左侧进来的电力线与出去的电力线是一样的，这个小区域的散度就是零。散度可以作为是否包含点源的判别方法。

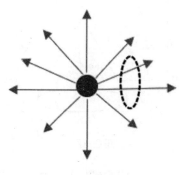

图 6-18

如果我们选取的小区域把带电粒子包括进去了，那么进来的电力线是零，出去的电力线是正数，所以散度就是一个不为零的正值。如果空间中有一个微型黑洞，而小区域把黑洞囊括在内，那么进来的光子和物质是正数，出去的接近于零，这时候散度就是一个负值。

散度的数学表达是：

$$\nabla \cdot u$$

这里黑体加粗的 u 代表某一个矢量，散度相当于求向量场的梯度。

明白了梯度与散度，这时候可以介绍旋度了。汤姆逊和索菲亚爬山的时候看到有溪水，小溪顺着山坡潺潺流动，汇聚成半山腰的一片池塘。大概是由于池塘底下有洞，水流顺着洞形成了旋涡形状，如图 6-19 所示。

图 6-19

刚才讨论的散度是向量 u 通过小区域的"径向"方向的情况。所谓旋度，就是向量 u 通过小区域的"切向"方向的情况。在图 6-19 中选取一片小区域（黑色框）指向旋涡的中心。不难想象，小区域的旋度是比较大的，也就是说，水流流经小区域，从一边穿进另一边穿出。水流速度越快，旋度越大。假如我们计算这个区域内的散度，那么结果接近于零，原因是基本上没有水流从小区域净流出。

旋度的数学表达是：

$$\nabla \times u$$

数学小课堂就讲到这里。

话题又回到汤姆逊和索菲亚，两人晃晃悠悠慢慢爬，越到后面越觉得吃力，因为体力消耗得差不多了。索菲亚实在爬不动，就会坐在石头上歇息一会儿，然后汤姆逊拉着她的手，把她拽起来继续走。好不容易登上了山顶，他俩一起看美丽的风景，还可以眺望远处的树林、蜿蜒的公路，再远一点的地方就是他们的学校了。平时看起来偌大的校园此时收缩成了不起眼的小点。

6.2.4　量子算符

有了梯度、散度、旋度的概念，我们终于可以练练手了。

在量子力学里，为了描绘粒子的状态，需要用动量、能量、动能等参数刻画。为了方便表述，物理学家习惯用算符来表示。

动量算符：$\hat{P} = -i\hbar\nabla$

能量算符：$\hat{E} = -i\hbar\dfrac{\partial}{\partial t}$

动能算符：$\hat{T} = -\dfrac{\hbar^2}{2m}\nabla^2$

动量算符有个∇，就是求散度或旋度；能量算符有个偏导数符号，就是求某个因变量的变化率；动能算符有个∇^2，就是求高阶的散度或旋度。这些算符就像英语里的单词，或者计算机语言中的程序模块，初看的时候感觉十分复杂，看久了就习惯了。

中学物理学过，一个体系的能量总和是动能与势能之和，量子力学中的哈密顿量其实代表的就是能量总和，也就是动能与势能之和，对应的算符是哈密顿算符：

$$\hat{H}(r,t) = \hat{T} + \hat{V}(r,t) = -\frac{\hbar^2}{2m}\nabla^2 + \hat{V}(r,t) \qquad （公式1）$$

字母上的"尖尖"用于表示"算符"，有时也会省略掉。

好了，我们反过头看第5章的薛定谔波动方程。

$$i\hbar\frac{\mathrm{d}\psi}{\mathrm{d}t} = \hat{H}\psi$$

式中的d是导数符号，考虑到现实往往是复杂的，导数符号需要升级为偏导数符号∂，因此波动方程可以改写为：

$$i\hbar\frac{\partial\psi}{\partial t} = \hat{H}\psi$$

根据上文，能量算符满足$\hat{E} = i\hbar\dfrac{\partial}{\partial t}$，而哈密度算符代表能量总和，很明显，等式左边是能量，右边也是能量，当然可以画等号。那么，把公式1代入上式，可以得到薛定谔波函数的完整形态：

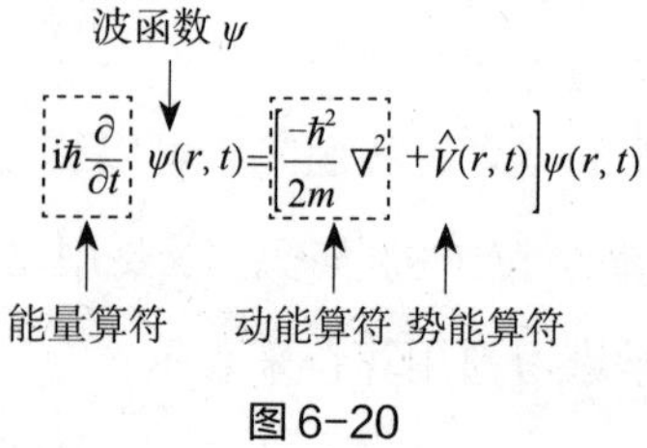

图6-20

立刻就能看明白，方程左边是能量算符作用于波函数 ψ，也就是观测得到波函数的能量。方程右边是体系的哈密顿量，也就是体系的能量，两者当然相等，薛定谔的波动方程就是这么简单！

在经典物理学中，动量就是动量，计算动量就是计算动量。但是量子力学就不一样了，通过 5.2.6 节，我们知道观测行为本身会使得波函数坍缩，量子本来处于叠加态，但只要观测行为发生，叠加态就会转为某一个确定的状态。薛定谔的猫在观测之前，处于既生又死的叠加状态，一旦开启箱子来观测猫，就只能看到某一个状态了。

量子力学的算符，实际上是作用于波函数的一种观测行为，例如动量算符 $\hat{P}$ 加到波函数上，就是说要观测量子的动量，得到的结果是量子波函数坍缩之后的某个确定的状态。

量子力学中的位置、速度、动量、能量这些值都是可观测到的量，根据厄米算符的定义，量子力学的位置、速度、动量、能量算符全部属于厄米算符。这段话初听起来有点拗口，实际就是说，凡是符合厄米算符定义的算符，都属于厄米算符。具体来说，厄米算符的定义就是厄米算符的本征值为实数（而不是复数或者虚数），这里的本征值其实就是量子力学的各种观测值，由于位置、动量等都是可以观测到的量，可观测的量必定是实数，所以位置、动量算符都属于厄米算符。

初学这一内容的时候，汤姆逊觉得非常晕，不过随着经常看经常听，慢慢地他也熟悉了。一旦熟悉，就会觉得这些概念其实很简单。

6.2.5　神奇的尺子

如果做量子力学高频词统计，那么本征函数、本征值一定会榜上有名。不弄清楚这两个兄弟，估计会寸步难行。

假如有一个算法 A，有一个函数 $f(x)$，如果有：

$$Af(x)=\lambda f(x)$$

其中 λ 是一个常数，那么 $f(x)$ 就称为本征函数，λ 就是本征值。

比如一个函数 $f(x)=e^{2x}$，算法 A 是二阶导数 $A=\dfrac{\mathrm{d}^2}{\mathrm{d}x^2}$，很明显：

$$Af(x)=2f(x)$$

所以，$f(x)$ 是本征函数，本征值 $\lambda=2$。

咱们选了一个相对复杂的指数函数，这是因为，如果选特别简单的函数（如 $y=x$），那么二阶导数算出来是没有本征值的，也就是说，那种特别简单的函数不是算法 A 的本征函数。

这个例子还是复杂了一点，不太好记。

如果联系上面提到的厄米算符，可能就豁然开朗了。

在量子力学里，动量、位置、能量、动能这些都是以算符的形式作用于波函数的（也就是对量子进行动量等信息的测量），动量、位置算符就相当于上面例子中的 A，量子波函数就是本征函数 $f(x)$，如果能够找到常数使得 $Af(x)=\lambda f(x)$，那么 λ 就是本征值，也就是测出来的动量、位置、能量等具体的值。

再用一个通俗易懂的例子来说明。算法 A 就好像是一把尺子，波函数就好像是一个等待测量的物体，如图 6-21 所示。经过尺子一测，发现测出了一个长度，这个长度就是本征值。然而，下一次测的时候，可能长度就变了（量子领域，每次观测得到的值，都是一种量子态的随机取值），变成了 λ'，这个时候本征值就是 λ'。所以本征值实际上很可能构成一个矩阵，里面会有很多值。

图 6-21

6.2.6　一维方势阱

读了这么多感觉懂了一些了吧？既然手上拿着锤子，总得找到钉子锤一锤，就拿最简单的无限方势阱来练一练手吧，如图 6-22 所示。

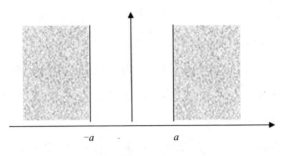

图 6-22

　　在进入正题之前得说明一下，这是本书唯一一个计算问题，不感兴趣的读者可以跳过，不影响后续的阅读。

　　一个质量为 m 的粒子处于一维无限深方势阱中。图 6-22 中，$-a$ 与 a 中间的势能 $V=0$。$-a$ 与 a 之外的势能为无穷大。无穷大的区域可以不用管，对于 $-a$ 与 a 中间区域的定态（能量确定称之为定态）薛定谔方程如下：

$$\left[-\frac{\hbar^2}{2m}\frac{\mathrm{d}^2}{\mathrm{d}x^2}+0\right]\psi(x)=E\psi(x)$$

　　公式中，$-\frac{\hbar^2}{2m}\frac{\mathrm{d}^2}{\mathrm{d}x^2}$ 代表动能，$\psi(x)$ 代表态函数，E 代表总能量。因为势能 $V=0$，所以动能直接等于总能量了。翻看一下厄米算符就知道，这个式子是说动能算符加上势能算符（为零）作用到波函数上，得到本征值 E（也就是测出来的能量）乘以波函数。

　　不难解出，$\psi(x)=C\sin(kx+\delta)$。

　　$\sin$ 函数与 e^x 函数之间存在天然的联系。结合刚才那个 e^{2x} 的例子，不难想到，能够在二阶导数（上式里的 $\frac{\mathrm{d}^2}{\mathrm{d}x^2}$）作用下得到本征值的情况，基本上就只有 e^x 函数或者三角函数的形式，这里可以写成三角函数，其中 $k=\frac{\sqrt{2mE}}{\hbar}$。

　　再根据 $-a$、a 两点的边界条件（波函数连续性要求），能够得到：$2ka=n\pi$。

　　把上述关系式整理一下，可以得出能量本征值 E_n：

$$E_n=\frac{\pi^2\hbar^2}{8ma^2}n^2 \quad (n=1,\ 2,\ 3\cdots)$$

　　如果有兴趣做一下实验，会发现实现测出来的粒子总能量就是上面的值。这个例子是量子力学中为数不多可以解析出来的。对于情况更加复杂的粒子甚至粒子系统，人们往往难以取得解析解。对于量子力学的学习者而言，更多的是需要思维方面的训练和提升，真正涉及的计算内容反倒不复杂，因为但凡稍微复杂一点的情形，就会遇到根本解不出来的非线性微分方程，这些内容往往不会放到考试题里。

对于汤姆逊来说，量子力学领域还有更多的知识点需要他学习，而且需要不断加以练习，但是经过一段时间后，汤姆逊对量子力学特有的语言会有更深的认识。慢慢地，这些特有语言就成了他熟悉的知识，用起来也更加简单方便了。

汤姆逊会把他掌握的知识分享给索菲亚，索菲亚不一定都能听明白，不过还是觉得学到了不少知识。在探究那些人类知识的前沿领域时，往往有一些学友会感觉更加轻松愉快。

6.2.7 极值原理

视觉是人类感知世界的重要方式，通过光这种媒介，人们可以看清花草树木、飞鸟走兽。人类对大自然的研究，最早就是从光线开始的。观察水杯后面的一枚硬币，会发现光的折射现象，即硬币仿佛挪到了更低的位置，如图 6-23 所示。

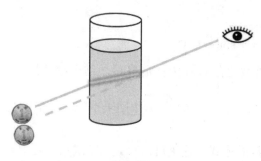

图 6-23

问题在于，为什么光线通过不同的介质时，会发生折射现象？光线离开空气，进入水面后，为何会选择不同的路径？

1662 年，法国最著名的"业余"数学家费马提出了费马原理，即光学极短时间原理，具体的含义是：对于光在指定的两点间传播的实际线路，光线总是沿着光程极值的路径传播。也就是说，光沿着光程为最小值、最大值或恒定值的路径传播。也可以说，光沿着所需时间为极值的路径传播。

根据费马原理，结合微积分的工具（极值在微积分里，就是导数为零），可以求解出不同介质中的光程，发现的确会产生折射现象。

光为什么会选择"极值"路径传播？这个得去问哲学，但从结果来看，"极值"确实是一个躲不开的自然法则。

在广义相对论中，同样存在一个极值原理，就是光线会自发地按照测地线运动，对应的世界线是所有世界线中最长的。

6.2.8　一点点泛函

现在，讨论的内容得转移到量子理论领域了。

在宏观领域，函数分析一般就足够了。在经典力学、经典电磁场理论中，某个变量 x 按照一定的法则 f 变动，得到的结果就是 $f(x)$，对 $f(x)$ 进行分析，一般能够得到想要的结果。

比如某个物体按照如图 6-24 所示的路线，从空间的一处移动到另一处，其运动方程是 $x(t)$，也就是随着时间 t 的改变，物体的位置 x 也相应发生改变。对这个物体的运动方程 $x(t)$ 进行分析，可以得出需要的力学结果。

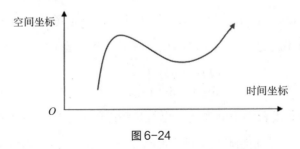

图 6-24

但是在量子领域，根据不确定性原理，粒子根本不是沿着某条确定的路径从 A 来到 B 的，实际上，粒子可能走其中的任何路径，这个时候一般意义上的函数分析就没有用了，根本不存在确定意义的 $x(t)$。

所以，泛函分析需要登场了！

泛函分析属于研究生范畴的数学知识，汤姆逊还没有开始学习。这部分内容难度比较大，因此汤姆逊也只能蜻蜓点水般地做一个初步了解。

所谓泛函，就是函数的函数，如图 6-25 所示。

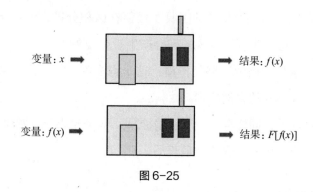

图 6-25

泛函分析相当于经历了两道函数工厂的流水线加工，最终得到的结果是 $F[f(x)]$。

6.2.9 拉氏量

回到刚才那个运动的物体，根据能量守恒，在运动过程中能量 E 始终是一个常数，不会发生改变。同时，能量 E 是动能 T 与势能 V 之和，于是：

$$E=T+V= 常数$$

这回不是宏观物体了，而是一个微观世界里的粒子，这时候传统的函数分析失效了，必须对这个粒子进行泛函分析（其实也就是考虑粒子可能走的所有路径，也就是 $x(t)$ 不再是一个固定的路径，成了一个变量），会发现：

$$\frac{\delta \bar{V}[x]}{\delta x(t)} = \frac{\delta \bar{T}[x]}{\delta x(t)} \qquad （公式 2）$$

公式 2 中，δ 代表微小的变化，也就是势能随着空间位置函数 $x(t)$ 的微小改变而发生的变动，与动能随着空间位置函数 $x(t)$ 的微小改变而发生的变动是一致的。也就是说，如果空间位置函数发生极小的改变，平均动能与平均势能会改变相同的量。也就是说，如果粒子走的路径发生极小的改变，平均动能与平均势能会改变相同的量。

这段话读起来有点啰唆，不过很重要，因为我们知道了一件事，那就是平均动能与平均势能之差很可能是有物理意义的，可以把它定义为拉格朗日量（拉氏量）：

$$L=T-V$$

上面的公式 2 意味着，$dL=dT-dV=0$，即拉氏量取极值。

先停一停，我们回顾一下。由于粒子的运动轨迹在量子力学中是无意义的，因此我们引入了泛函分析。但是反过来，泛函分析在经典力学中仍然是有效的！刚才那段分析意味着，我们帮助宏观物体进行了一次路径分析，假想宏观物体的路径是可变的，最后分析的结果是宏观物体选择了一个拉氏量为极小值的运动轨迹。

宏观物体选择极值作为运动轨迹，极值原理又出江湖了！如果问为什么，答案还是一样，得问哲学家。

物理学家们意识到，拉氏量 L 是个好东西。

拉氏量对时间的积分叫作作用量 S，满足：

$$S=\int_0^t Ldt$$

根据上述分析，作用量 S 满足：

$$\frac{\delta S}{\delta x(t)}=0$$

这就是著名的哈密顿最小作用原理。这个原理无论是在经典力学分析中还是在微观量子领域中都成立！

拉氏量常常出现在量子力学的分析中，更是量子场论的主角。在规范理论中，拉氏量也是规范对称性需要考虑的内容。在弦理论中，也需要考虑粒子相互作用的拉氏量。总而言之，如果要涉足前沿物理，几乎绕不开拉氏量。后文中我们还将用到它。

和海森堡一起转圈圈：

第 7 章

针尖里的大世界

周末下午，索菲亚去自习室找汤姆逊，进了教室后看到汤姆逊正对着一根针发呆，看得入了神，全然没有发现自己来了。

"喂，在发什么呆呢？"索菲亚拍了一下汤姆逊的肩膀，把他吓了一大跳，"这是从哪弄来的针啊？"

"哦，我在地板上捡的，也不知道是谁落下的。我就在想啊，针尖可真是小。"

"可不是吗，针尖比芝麻都小多了。"索菲亚说。

"但是，你知道吗，针尖上可以容纳上百万个原子，难道原子不会觉得拥挤吗？"汤姆逊问道。

"哈哈！"索菲亚被逗笑了，"原来你一直在担心原子小精灵啊。"

"没错，小精灵，这个词好！那些构成世界的基石，那些粒子，它们就像小精灵，有的会跳跃，有的会旋转，有的个头大，有的很小巧。有的刚出生就消散了，有的可以活到天荒地老……"汤姆逊兴奋地说。

"好了好了，瞧你陷进去都出不来啦！"索菲亚推了推汤姆逊，把他从想象世界中拉了出来，"该自习了，这根针我来保管吧，回头交给老师。"

索菲亚说得没错，粒子世界就仿佛精灵王国。

7.1　粒子大家族

7.1.1　夸克小精灵

2000多年前，古希腊的德谟克利特认为原子是构成物质世界最基本的粒子。到了现代，科学家才发现原子还有能进一步细分的结构，如图 7-1 所示，原子包含一个原子核，以及核外电子。

图 7-1

原子核仍然不是密不可分的，进一步打开原子核，会发现大部分原子核都是由质子和中子构成的。质子与中子体重差不多，中子略微重一点点。质子带一个单位的正电荷，中子不带电。通过不同数量的质子与中子的组合，就形成了元素周期表中的所有元素，可以解释大自然中能看到的几乎所有化学现象。然而，质子与中子仍然不是最基本的结构。

1964 年，美国物理学家盖尔曼和茨威格分别独立提出中子、质子是由更加基本的粒子——夸克（Quark）组成的。四年后，科学家通过深度非弹性散射实验证实了质子含有比自己小得多的点状结构，即质子不是基本粒子，这项实验证实了夸克的存在。夸克存在色荷之分，分别为红、绿、蓝三种色荷，如图 7-2 所示。

图 7-2

这里的颜色并非真实的色彩，只是为了方便区分。色荷是一种与强相互作用有关的粒子属性。三种色荷组合在一起，便构成了无色体系，比如组成质子或者组成中子。

除色荷外，夸克还有六种味道，从而使质子、中子、电子等所携带的电荷不同。夸克的味道不是现实世界那种可以用鼻子闻到的气味，而是与电荷直接相关的粒子属性。

表 6-1 展示了夸克的六种味道。

表 6-1

名称	下夸克 dowm(d)	上夸克 up(u)	奇夸克 strange(s)	粲夸克 charm(c)	底夸克 bottom(b)	顶夸克 top(t)
电荷	-1/3	2/3	-1/3	2/3	-1/3	2/3

上夸克 u 带有 2/3 电荷，下夸克 d 带有 -1/3 电荷，两个上夸克一个下夸克组成质子（duu），因此质子携带 +1 的电荷；两个下夸克一个上夸克组成中子

（ddu），携带的电荷为零。奇夸克、粲夸克、底夸克、顶夸克这些会组合成介子。

夸克小精灵似乎很害怕孤独，它们从来不单独出现，而是必须结伴而行。也就是说，世界上不存在单独的"裸夸克"，人们不可能观测到带色荷的稳定物质，也不可能观测到含 1/3 电荷的稳定物质，事实上，不同的夸克自然而然组合在一起，形成色中性物质，以及整数倍电荷物质。夸克们就像手拉着手结伴而行的小精灵。

"夸克的种类可真多啊！"索菲亚感叹道。

"没错，夸克有六种味道，每种味道又有三种颜色，这样就已经有 18 种夸克了。"汤姆逊补充道，"另外，每种夸克都有对应的反夸克，因此夸克的总数量是 36 种。"

说起夸克来，汤姆逊如数家珍。

7.1.2 轻子小精灵

不同于强相互作用力支配的夸克，轻子是一种不参与强作用力的基本粒子，它们仅参与弱作用力、电磁力和引力作用。它们包括：

$$\begin{cases} \text{电子、电子中微子} \\ \mu\text{子、}\mu\text{子中微子} \\ \tau\text{子、}\tau\text{子中微子} \end{cases}$$

电子是最常见的基本粒子，同时也是拥有强大"魔法"的小精灵。电子通常被束缚在原子内，围绕着原子核旋转。但如果吸收外部能量，就很容易脱离原子成为自由电子，从而使宏观物质"带电"。今天人类享受的一切电器和高科技仪器都离不开"电"这个大自然的"魔法"。

中微子是泡利于 1930 年提出的概念，这种粒子非常轻，其质量大概只有电子的百万分之一。中微子具有极强的穿透性，它们可以轻易地穿过地球而不被发现。中微子不带电荷、不带色荷，基本不参与自然界中的各种相互作用，是传说中的"隐身人"。1956 年克莱德和弗雷德里克等人通过实验证实了伴随电子出现的中微子，因此将其命名为电子中微子。

μ子与电子一样带一个单位的负电荷，自旋为 1/2，参与的相互作用也与电子非常相似，但它的质量达到了电子质量的约 207 倍，可以看成"胖子"版电子。μ 子的半衰期是 2.2 毫秒，一旦产生瞬间就会衰变成其他物质。

关于 μ 子的发现还有一段小故事，日本物理学家汤川秀树认为原子核内的质子与质子、质子与中子、中子与中子之间具有传导作用力的介子，这种核子内的作用力就是强相互作用力。汤川秀树在 1935 年预测这类介子的重量为电子的 200 倍左右。1936 年，安德森在宇宙射线中发现了 μ 子，由于 μ 子的质量刚好是电子的 200 倍左右，因此人们猜测 μ 子就是汤川秀树预言的介子，当时取名 μ 介子。后来人们发现 μ 子与原子核的作用力非常弱，并非预言中的粒子，所以名字改成了 μ 子。

1975 年，科学家进一步发现了第三代电子——τ 子。这种粒子也与电子一样，带一个单位负电荷，自旋为 1/2，τ 子参与的相互作用也与电子非常相似，但它的质量达到电子质量的约 3500 倍，可以看成"超级胖子"版电子。

电子、μ 子、τ 子加各自伴随的中微子一共是六种，再加上各自的反物质共计 12 种。也就是说，宇宙中的轻子一共有 12 种。

"轻子的种类也不少啊。"索菲亚说。

"是的，但只有电子出现在人们的日常生活中，剩余的只能在宇宙射线或者实验室中观测到。"汤姆逊说。

"μ 子、τ 子都不轻啊，为什么也被称为轻子呢？"索菲亚问。

"这是流传下来的习惯说法。"汤姆逊回答道。

7.1.3　使者小精灵

除了夸克、轻子，还有一类基本粒子被称为中间玻色子，包括光子、W 粒子、Z 粒子、胶子，这些基本粒子负责大自然相互作用力的传输，其中光子传递电磁作用力，W 粒子和 Z 粒子传递弱相互作用力，而胶子传递强相互作用力。

光子是传递电磁相互作用的使者，静止质量为零，不带电荷，不带色荷，自旋为 1。光子在电子或者其他携带电荷的粒子间穿梭，将电磁相互作用显现出来。电磁相互作用适用 U(1) 规范对称性，所以传递使者为 1 种。

W^+、W^-、Z^0 是传递弱相互作用的使者，由于弱相互作用适用 SU(2) 规范对称性，这就决定了传递使者必须为 3 种。

胶子是传递强相互作用的使者，强相互作用适用 SU(3) 规范对称性，这就决定了传递使者必须为 8 种。

中间玻色子不存在对应的反粒子，因此总数量共计 12 种。

对于中间玻色子，由于它们是参与物质相互作用的，就像把砖头砌在一起的水泥一样，所以可以想象成"使者小精灵"。

总结一下，基本粒子家族可以划分为三大类：

基本粒子
- 夸克——组成质子、中子、π 介子
- 轻子
  - 电子、电子中微子
  - μ 子、μ 子中微子
  - τ 子、τ 子中微子
- 中间玻色子
  - 光子——传递电磁作用力
  - 胶子——传递强相互作用力
  - W 子、Z 子——传递弱相互作用力

再加上已经被发现的上帝粒子——希格斯玻色子，粒子物理学家总共找出了 61 种基本粒子。

7.1.4 拼装小精灵

世界上除了 61 种基本粒子，还有复合粒子，也就是基本粒子组合在一起构成的"重型"粒子。为了方便记忆，我们把它们称为拼装小精灵。

最著名的复合粒子是 π 介子。

1935 年，日本物理学家汤川秀树预言了一种重型粒子的存在。当时科学家们已经知道光子负责传递电磁作用力。汤川秀树认为存在一种质量约 200 个电子的粒子，专门负责传递强弱作用力。光子的静质量为零，使得它传递的电磁力可以为长程力。但强弱作用力都为短程力，因此负责传递强弱作用力的粒子质量应该会很大，介于电子（质量为 $1m_e$[①]）和质子（质量为 $1840m_e$）之间，预计为

———————————

① m_e 为电子静止质量。

200m。左右，于是，汤川秀树给它们取名为介子。这个名字取得恰到好处，很容易被人们记住。

1947 年，科学家从宇宙射线中找到了汤川秀树预言的 π 介子。

质子、中子是由三个夸克组成的，一般称为重子。实际上，所有三个夸克组成的粒子都可以称为重子，除质子、中子外，还有 ∑ 子、Λ 子等比较少见和奇异的重子（重子都不是基本粒子，而是基本粒子组合而成的粒子）。

所有的介子都是由两个夸克组成，除了 π 介子，还有 K 介子、D 介子、J/ψ 介子、Y 介子等。K 介子是寿命仅有百亿分之一秒的粒子，质量大约为电子的 1000 倍；J/ψ 介子是由里克特和华人物理学家丁肇中共同发现的，它由粲夸克及反粲夸克组成。

如果复合粒子由三个夸克组成，那么就构成重子，重子家族里的质子、中子是最被人们熟知的，其他的已知重子名称都比较奇怪，包括 Δ 子、Λ 子、∑ 子、Ξ子。这些奇异的重子一般都是在宇宙射线中发现的，其寿命往往比较短。

质子、中子、介子在相当长的一段时间内被共同称为强子。现在，人们已经知道夸克是组成强子的基本粒子，因此分类方面，可以用夸克取代原来的"强子"这个分类，强子这个说法，现在也很少有人提了。

7.1.5　倒影小精灵

"额，看来我得休息休息了，太多啦，记不住啦！"索菲亚被一大堆袭来的新名字给弄晕了。

"没事没事，记不住的话，多听两遍就好啦。"汤姆逊傻呵呵地笑起来，"这样吧，我给咱们俩买两杯饮料喝，放松一下。"

"好的好的！"索菲亚又开心了起来。

汤姆逊买了一杯冷可乐，索菲亚买了一杯热咖啡。

"咱俩的饮料混合在一起，味道会不会很怪？"索菲亚漫不经心地问了这个小问题。

"味道嘛，不知道。但一杯热饮一杯冷饮，混合在一起会变成温温的饮料。而基本粒子跟它的反粒子混合，则会变成一锅热汤！"汤姆逊笑着说。

"这是什么意思呢？"

"这是……"成功引起了索菲亚的注意后，汤姆逊决定乘势介绍反粒子。对于基本粒子对应的反粒子，可以想象成一种"倒影小精灵"。

时间倒回到 1928 年，那时候量子力学正在迅速崛起，薛定谔给出了量子的波动方程，即薛定谔方程。然而，这个方程并没有考虑相对论因素，不够完美。在这种情况下，物理学家狄拉克将方程进行了改造，使其同时满足量子力学、相对论的要求。狄拉克方程的解既包含正能态，也包含负能态，普通人可能会忽视这个结果，但狄拉克却认为此中大有深意。他预言，宇宙中除了带有负电荷的电子，还存在带有正电荷的"正电子"。

狄拉克预言，正电子在质量、自旋等属性上与电子相同，仅仅是携带的电荷相反，就好像电子的一个镜像一样。进一步，狄拉克预言正电子与电子相遇会相互湮灭，并放出光子：

$$e + e^+ \rightarrow 2\gamma$$

四年之后的 1932 年，美国的安德森在研究宇宙射线时，发现射线通过强磁场后，一半电子偏向一边，还有一半偏向另一边，即两类电子带有不同的电荷，由此证实了正电子的存在。

实际上，不光是电子具有反粒子，很多基本粒子都有自己的反粒子，例如反质子、反中子、反夸克等。对于纯中性粒子，如光子、π 介子、η 介子，它们没有反粒子。

反粒子与正粒子相遇，会瞬间湮灭并释放中微子、光子等静止质量为零或接近零的粒子，在此过程中，质量基本上完全转化为能量。根据质能方程式 $E=mc^2$ 可以算出可释放的惊人能量。目前人类所掌握的核裂变、核聚变技术均存在大量的物质损耗，据预计正反粒子湮灭释放的能量是核聚变的 100 倍以上。

假如今天人类生存的环境遍布反粒子，那么正反粒子会随时发生湮灭，从而产生巨大的破坏力。幸运的是，宇宙演化过程中反粒子基本都与正粒子湮灭完毕，剩余反粒子数量微小，不会对我们的生存环境构成威胁。

反粒子构成的物质可以称为反物质。宇宙中的反物质非常难见到，2011 年，中科大曾与美国科学家合作发现了反 ^{4}He，这是迄今为止发现的最重的反物质。

当然，随着技术继续发展，不排除有一天会出现大质量反物质。

7.1.6　精灵标签

索菲亚一时间记不住那么多粒子的名称和性质，的确，基本粒子的种类真的不少，而且还在继续发现的过程中。为了方便区分及研究，科学家们用质量、寿命、电荷、自旋等标签来标注基本粒子。

1. 质量

电子的静止质量为 9.11×10^{-28} g，这是一个非常小的量。

不同于宏观物理的质量测定，电子这样的微观粒子的引力作用极其微弱，不能够通过体重秤来测定。

1897 年，英国物理学家汤姆逊通过电子在磁场中的运动测定了电子的荷质比。1909 年，密立根通过在电场的作用下控制带电油滴的下落，测量下落的速度，得到了电子的电荷，从而可以得到电子的质量数。

电子在小精灵世界是轻家伙，质子的质量是电子的 1860 倍，已知最重的基本粒子顶夸克的质量是电子的近 34 万倍。

实际上，基本粒子的引力作用可以忽略不计，科学家很少用克作为基本粒子的质量单位，而是用 MeV/c^2。其中，eV 代表 1 电子伏特，即电子在 1 伏特电压的加压下获得的动能，M 代表兆（100 万），因此，MeV 代表百万电子伏特。根据质能方程 $E=mc^2$，用动能 E 除以 c^2 就得到了质量 m。按照习惯性书写，往往不再保留 c^2，因此就用百万电子伏特（MeV）来代表粒子（包括电子）的质量。电子的质量可以表示为 0.51MeV，质子和中子的质量可以表示为 939 MeV。用这种单位的好处是，一方面，避免了 10 的负多少次方这样麻烦的表达，另一方面，利用质能方程可以直接知道粒子的质量转化为能量的数值。例如，电子的质量全部转化为能量的话，可以让一个电子产生 0.51 兆电子伏特的动能。

2. 寿命

粒子并非都是长命百岁的，实际上，通过弱相互作用很多粒子都会衰变为其他粒子。粒子在衰变前平均存在的时间就是它们的寿命。

电子、质子、中微子是稳定的长寿命粒子，比如质子的寿命大约为 10^{33} 年，这比宇宙的年龄还大得多。电子、质子的长寿命特点，使得它们成为宇宙构成中最主要的"砖和瓦"。假如质子没有那么长寿，就不存在稳定的元素，以致星球、生命都不可能存在。

一个自由中子（并非原子核内的稳定中子）的寿命大约为 14 分钟，寿终正寝时会衰变成一个质子、一个电子和一个反电子中微子，即：

$$n \rightarrow p+e+\bar{\upsilon}_e$$

公式中，n 是中子（neutron 的首字母），p 是质子（proton 的首字母）、e 是电子（electron 的首字母）、$\bar{\upsilon}_e$ 代表反电子中微子。其他基本粒子大部分都只有很短的寿命，如 μ 子的寿命是 2.2×10^{-6}s，τ 子的寿命是 3.4×10^{-13}s，它们的存在仅有一瞬间。

3. 电荷

电荷是一个很简单的标签，易于理解。电荷主要用于衡量基本粒子参与电磁相互作用的情况。

电子、μ 子、τ 子带一个单位的负电荷。

质子、W^+ 粒子、π^+ 粒子带一个单位的正电荷。

夸克带有 -1/3 或者 2/3 的电荷。

还有很多电中性的粒子，也就是不参与电磁相互作用的粒子，最典型的为中子、中微子。

4. 自旋

在一段金属圆环中（准确地说是电磁线圈），如果有电流流过，将会产生感应磁场，如图 7-3 所示，这是经典的法拉第电磁感应规律。

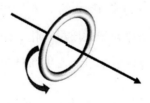

图 7-3

在量子力学创立初期，施特恩和盖拉斯发现微观世界中的电子具有磁性，就好像电子是在自转并产生磁矩的小磁针一样。把这枚小磁针放到一个强磁场里，它们会像指南针一样，顺着磁场的方向排列起来。

　　然而，电子根本不是可以想象成小球的实体，如果电子真的能自转的话，那么线速度将超过光速，从而违背狭义相对论。为了表征电子的这种类似于"自转"的现象，物理学家们将电子的这种内禀属性称为自旋。自旋只是电子天然具有的属性，而不是电子真的会自转。

　　除电子外，其他基本粒子的自旋属性如表 7-1 所示。

表 7-1

类型	名称	自旋
玻色子	光子	1
	W^+、W^-、Z^0	1
	胶子	1
费米子	电子	1/2
	中微子（电子中微子）	1/2
	μ 子、τ 子	1/2

　　从表 7-1 来看，自旋属性还可以用来进行粒子分类，自旋数为整数（0、1、2）的粒子被称为玻色子，如光子；自旋为半整数（1/2、3/2）的粒子被称为费米子，如电子。费米子都需要遵循泡利不相容原理（没有两个费米子可以在同一时间共享相同的量子态）。

　　光子的自旋是 1，可以理解成光子"转了"360 度会回到原来的状态，而电子的自旋是 1/2，可以理解成电子得转两圈才能回到原来的状态。

　　5. 宇称

　　假设桌上有个小球向右滚动，桌子中央有一面镜子，可以看到镜子里的小球是向左滚动的，如图 7-4 所示。在这个过程中，现实的小球与镜子里的小球遵守完全相同的物理规律（动量守恒）。

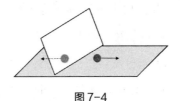

图 7-4

长期以来，对称性对物理学家而言具有至高无上的地位，人们都相信宇宙的法则肯定具有对称性。从经典力学到电磁现象到强相互作用力，都在完美无缺地上演这种对称性。

粒子物理学家采用"宇称"来衡量不同粒子在镜像对称过程中的表现。宇称可以取 1，也就是偶对称，表明粒子在对称变化下保持不变；宇称可以取 -1，也就是奇对称，表明粒子在对称变化下发生了相反的变化。

微观粒子的状态一般用波函数表述，粒子物理学家们相信，在波函数的位置参数发生左右交换的情况下，宇称不发生变化。由于不变性原理通常与守恒定律联系在一起，如动量守恒定律是物理学定律在空间平移下的不变性的体现；能量守恒定律与时间平移不变性相联系；角动量守恒定律是物理学定律空间旋转对称性的体现。因此，宇称不变意味着宇称守恒。

对于微观粒子组成的体系来说，总宇称为各该系统粒子的宇称相乘，总宇称也应该是一个守恒量。

然而，奇怪的事情发生了，20 世纪 50 年代的科学家们在研究过程中发现了一个难题，也就是 τ-θ 之谜。K 介子有两种衰变方式，一种衰变成 τ 介子，另一种衰变成 θ 介子，这两种介子拥有完全一样的质量、电荷、寿命、自旋等属性，使人不得不怀疑这是相同的粒子。然而，τ 介子会进一步衰变产生三个 π 介子，它们的宇称都是负 -1，因此体系的总宇称是 -1；θ 介子会进一步衰变只产生两个 π 介子，体系的总宇称是 1。这下麻烦就来了！

解决方法只有两个：要么承认 τ、θ 是不同的粒子，这样宇称本来就不会相等，但代价就是无法破解两个例子如此之像的谜题；要么就是承认粒子衰变在对应的弱相互作用下，宇称不守恒，这样就破坏了物理学家们关于对称性的信仰。

两难之下，杨振宁、李政道于 1956 年提出：在弱相互作用过程中，宇称不守恒！他们提出了可以印证他们的推测的实验方法。同年，吴健雄领导的团队完成了实验，从而印证了弱相互作用下的宇称不守恒理论。时隔一年的 1957 年，杨振宁、李政道共同获得了诺贝尔物理学奖。

6. 同位旋

同位旋是 1932 年海森堡提出来的概念。当时，人们发现质子与中子质量非常接近，如果不考虑电荷因素的话，这两个原子核内的强子很难区分彼此。这种情况下，海森堡提出了同位旋的概念，质子与中子的同位旋一样，但是两者的同位旋第三分量不同，中子是 -1/2，质子是 1/2。

同位旋跟自旋有相似性，那就是两个概念都不能对应到某种物理实际，比如自旋不是粒子围绕某个轴转动，同位旋也不代表旋转，它们两个参数只是为了区分不同的粒子而人为取的名字。

本来同位旋这个概念提出之后没有得到重视，但后续人们发现强相互作用过程中同位旋是守恒的，这才使其成为粒子物理不可少的参数之一。

7.2　神秘的原力

在超市里推购物车，小车自然而然向前运动，这是因为手提供了一个作用力，小车在作用力的影响下发生运动状态的改变。这一现象非常自然，很容易理解。但是，自然界的作用力往往是"非接触性"的，太阳与地球之间相距 1.5 亿千米，但地球仍然非常"听话"地围绕太阳转；两块磁铁相距 10 厘米，中间没有任何连线，但照样可以相互吸引或者排斥；原子核内部的粒子并非紧挨着，但依然被强大的力量牢牢捆绑在一起。

上述大自然间的作用力仿佛强大的神秘力量，使物质之间相距遥远仍然能够相互作用。目前科学家已经发现四种基本作用力，包括万有引力、电磁力、弱相互作用力、强相互作用力，这四种作用力控制了宇宙间万事万物的运动。

7.2.1　引力

根据文字作品记载，牛顿 23 岁的时候住在英国北部林肯郡的一个村庄里，有一天他在苹果树下休息，突然，一颗苹果坠落砸到牛顿，这颗苹果启迪牛顿思索并发现了万有引力定律。苹果的故事到底有几分真实，几分编撰，谁也说不清，不过牛顿的确长时间思考了地球、月球这样的天体能够"漂浮"在天空中的原因。凡事必有因，而且这个"因"不是某一位神明的杰作，而是物理法则导致的。牛顿在开普勒等人工作的基础上，将万有引力的规律总结了出来：

万事万物都存在相互之间的吸引作用，作用力与物体的质量成正比，与距离的平方成反比。

万有引力定律的真正厉害之处，在于引力系数 G 是一个常数，也就是说，本宇宙的各个角落都适用同一个常数，大至星系、小至米粒，全都适用于牛顿的这套规则。

万有引力定律的高光时刻，是海王星的发现。19 世纪上半叶的天文学家发现天王星的运动轨迹存在不规则的波动，这是物理规律无法解释的。如果假定天王星之外还有其他未知行星存在，那么未知行星就能摄动天王星的轨道。天文学家进一步利用万有引力定律预测了未知行星的性质和位置。最终，海王星于 1846 年被观测到，且性质与预测数一致。当时，人们为这一结果欢呼，认为掌握了万有引力定律就掌握了大自然的一切。

如果说万有引力定律是一个规则，到 20 世纪初，爱因斯坦的横空出世就使人们知道了这个规则背后的本质，实际上，引力的本质是时空的几何效应。

虽然引力无处不在，而且是塑造星系、恒星、天体的原动力，但从作用力强度来看，引力在四种作用力中是最为微弱的。打个比方，如果强相互作用力为 1 的话，那么电磁力仅为 1/137，弱作用力仅为 10^{-13}，万有引力仅为 10^{-39}。引力是如此之弱，以至于两个人面对面站着，也根本无法感觉到对方的引力作用。

7.2.2 电磁力

两块磁铁相距十几厘米会有明显的相互吸引或者相互排斥的作用力，这就是磁力在发挥作用。早晨梳头，一不小心梳子上就有了静电，然后把头发也连带着吸了起来，这就是静电力在发挥作用。

1873 年，麦克斯韦在前人工作的基础上，发表了不朽著作《电磁学通论》，将电与磁完美地统一起来，用一个词"电磁力"来描绘，并预言了电磁波的存在。1888 年，赫兹通过实验验证了电磁波的存在，同时也印证了麦克斯韦电磁场理论的正确性。

电磁力与引力一样也是长程力，作用距离无穷远。

从强度来看，电磁力相对引力来说是非常强的，宏观世界里的两个磁铁之间便能够产生明显的电磁作用。到微观层面，带正电的原子核与带负电的电子便是依靠电磁力结合在一起并形成稳定的原子的。

电磁力不是超距作用，而是依靠光子进行传递，但这种光子不同于肉眼可见的实实在在的光子，而是量子理论中的虚光子。两个带电粒子之间会交换虚光子，从而感受到对方的作用力，表现出来便是电磁力作用。

如图 7-5 所示，在汤姆逊绘制的示意图上，两人正在冰面上玩抛球的游戏。随着球在两人之间抛掷，他们逐渐相互远离。电磁力的作用机制也差不多，两个电子之间，通过虚光子传递相互作用，最终看起来像相互远离了一般，也就是表现出了同性电荷的相互排斥力。

图 7-5

7.2.3　弱相互作用力

1895 年，德国物理学家伦琴发现了 X 射线现象。次年，法国物理学家贝克勒尔发现 β 射线现象。1900 年，居里夫人提炼了放射性元素镭。此后，更多的放射现象及放射性元素被发现。100 多年前，放射性元素刚刚被发现，其释放的蓝绿色光芒显得充满能量，人们还以为这是某种有益健康的生命源泉，因此在饮料中会添加少量的放射性物质以增加销量。但实际上，放射性物质会改变人类的基因结构，危害健康。居里夫人的女儿伊蕾娜是首个发现放射性元素钚的人，并因此获得了诺贝尔化学奖，但最终死于过多地接触放射性物质。

科学家们逐渐发现，放射线大致分为三种：

第一种是重元素衰变过程中释放的 α 射线，这是由两个质子、两个中子组成的，质量为氢原子质量四倍的带正电粒子流。经过测定，α 粒子流就是氦原子核。

第二种是带负电的 β 射线，这是一种高速电子流，具有很强的穿透能力。

第三种是电中性的 γ 射线，其穿透能力比 X 射线还要强，必须用很厚的铅板才能遮挡住。

从 20 世纪初到 20 世纪 30 年代，科学家们一直在思索，为何原子核会自发地将 α 射线、β 射线、γ 射线抛出来，这一定是由于原子核内部某种不为人知的作用。对于 β 射线，当时的认识是原子核内的中子自发衰变为质子，并释放电子造成的，但问题是，中子衰变损失的能量明显大于释放电子的能量，仿佛原子核内部存在着偷能量的"贼"。

1930 年，泡利提出了中微子假说，他认为，原子核内部的确存在偷能量的"贼"，那就是中微子，而且中微子不参与电磁相互作用，因此中微子离开原子核内部的时候，人们的仪器没有办法探测到。

此后，费米在泡利假说的基础上，进一步明确了中子的衰变过程：

$$\upsilon_e + n \rightarrow e + p$$

中子吸收中微子，并自发地衰变为质子，同时释放电子，这样衰变前后的能量保持平稳，不会造成能量不守恒。

对于这种原子核自发衰变的现象，费米认为这是由一种相互作用力引起的，这种相互作用力的特点是：

（1）强度比电磁力弱得多，但比引力强得多；

（2）这种作用只发生在自旋为 1/2 的基本粒子（也就是费米子）之间；

（3）这种作用的力程很短，一旦衰变完成，这种相互作用力就会消失。

费米提出的这种相互作用就是弱相互作用，对应的作用力就是弱相互作用力。

让我们回过头来再看一下中子的衰变：电子中微子 υ_e 与中子 n 碰撞后，衰变为质子 p，以及一个电子 e。

这个过程非常神奇，也比较难懂，请尽量多读几遍：

电子中微子与中子的碰撞并不是无间隔的，而是隔空通过弱作用力进行碰撞的。碰撞之后，中子改变了运动方向，从而与观测时空有了夹角，在观测者眼里，好像是中子改变了能量和动量，变成了质子。同样地，电子中微子改变运动方向后，被人们观测成了电子。

从这段专业的解释来看，所谓质子、所谓中子，其实不存在无法逾越的"鸿沟"，同样，中微子与电子也不存在无法逾越的"鸿沟"。某种类型的粒子在改变能量、动量、角动量等属性后，对于观测者而言就如同变身了一般，成了另一种粒子。

类似于光子传递电磁作用，弱作用力也有自己的传递使者，那就是 W^+、W^-、Z^0 等粒子。

弱作用过程实际上就是光子运动速度显著下降后，被观测成了低速运动的 W 粒子、Z 粒子。

上面这段专业解释也十分震撼。光子与 W^+、W^-、Z^0 等粒子的质量具有巨大的差异，对应的作用力——电磁力、弱作用力也有巨大的差异，但是这些居然只是观测引起的差异。换言之，看起来十分不同的电磁力、弱作用力其实具有相同的机制，这就是电弱统一，后续还会专门介绍。

弱相互作用是与日常生活最无关的一种作用力，只发生于中子衰变、μ 子衰变、π 介子衰变及 K 介子衰变的过程中。

7.2.4 强相互作用力

氢原子核内有一个质子、一个中子，氦原子核有两个质子、两个中子，比氦更重的元素原子核都具有超过两个的质子。

在 1.2 节中我们看到，原子核与原子的体积之比，相当于一个小蚂蚁与整座体育场之比，也就是说，原子核的空间范围非常小。那么问题来了：质子是带正电的粒子，到底是什么力量能够将两个以上带正电的质子捆绑在如此狭小的空间中呢？

这种力量一定比电磁力之间的相互排斥力大得多！

很明显，这种力不是引力，引力太微弱；同样也不是弱作用力，弱作用力比电磁力还要弱很多。那么，一定是一种超强的作用力，科学家们称之为强相互作用力。

强相互作用力是宇宙间最强大的作用力，比引力大 10^{39} 倍，主要起到聚合夸克的作用。夸克共有三种色荷，不同色荷之间的夸克通过强作用力紧紧黏合在一起，传递这种作用力的粒子为八种胶子。

强作用力与弱作用力一样，也是短程力，其作用在 10^{-15} 米范围内。这时候有人会想，用手紧紧贴着墙壁，墙壁与手中间的缝隙应该可以小于 10^{-15} 米吧，为什么手没有感受到墙壁带来的强相互作用力呢？原因很简单：强力只发生于带色荷的粒子之间，而手与墙壁都是色中性的。专门有一门课程叫量子色动力学（QCD），其用来描绘强相互作用力。

强相互作用力简直强得可怕，有时候想想，正常情况下也没人会破坏原子核的稳定性，就算有的话，强作用力减弱至十分之一、百分之一甚至千分之一也依然不会使原子核散架。大自然为什么会让强相互作用力这么强？也许答案在宇宙初生那一刻已经定了。汤姆逊知识有限，也想不清楚了，有兴趣的读者可以尝试破解这个问题。

7.3　探索永无止境

在粒子大家族中，我们认识了 61 种基本粒子，在神秘的原力中，我们知道了四种基本作用力。实际上，自 20 世纪下半叶至今，粒子物理一直是物理学界的前沿，是仍然有待开垦的良田，在这片土壤中，时不时能够发现新的复合粒子，并且随着仪器设备的越发先进，人们能够窥探到物质更幽深的境地。

从卢瑟福时代开始，科学家们就使用粒子轰击的方法研究物质结构。20 世纪五六十年代，科学家们研制出了电子对撞机，将电子加速到接近光速的水平用于轰击固定靶，从而打探靶物质的内部情况。此后，同步辐射对撞机、质子对撞机纷纷投入运行。目前，世界上最强大的粒子加速器是位于欧洲的大型强子对撞机（LHC），正是这台设备发现了上帝粒子——希格斯玻色子。

与此同时，科学家们还通过大型天文台接收宇宙射线辐射，并从中发现新的粒子。有些粒子存在寿命很短暂，但先进的仪器仍然能够将其识别出来。随着设备精度不断提高，人们还将发现宇宙射线中更为微弱的粒子流，并将寿命极短、性质极特殊的粒子寻找出来。

在粒子大家族不断扩军的同时，科学家们也在持续研究物质之间的相互作用力。目前为止，宇宙间的四种相互作用力能够解释几乎一切人类发现的现象。但宇宙学告诉人们，本宇宙主要由暗物质（不参与电磁相互作用）、暗能量（不属于物质）构成，对于这些物质和能量，其相互作用原理尚处在未知领域。留待人类去探索与发现的大自然奥秘，还有很多很多。

第 8 章

和伽罗华决斗：

对称之美

8.1 球与立方体

汤姆逊最近被"对称性"迷住了。

他发现校园的花草总是被园丁修剪得整整齐齐而且呈现对称的样貌；教学楼基本上都按左右对称的样子修建；地上长的灌木、树上结的果子都是对称生长的；天上坠落的雨滴、湖面荡起的波涛也是对称的。无论人工还是自然存在的事物，似乎总是离不开对称性。

这天，汤姆逊找到索菲亚，他想从数学系学生那里听一听关于对称的理解。索菲亚明显对此有所研究，她反过来给汤姆逊出了一道小题，那就是球体与立方体，谁的对称性更高？如图 8-1 所示。

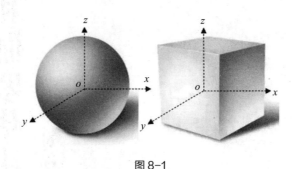

图 8-1

凭直觉来看，球体的对称性更高，但有没有比直觉更有说服力的理由呢？

为了说明球体的对称性更高，需要分别为两个三维图形建立直角坐标系。对于球体来说，绕 x 轴、y 轴、z 轴任意旋转，球体的初始状态与最终状态不会有任何变化。换言之，球体是完全对称的。对于立方体来说情况就不一样了。立方体绕 x 轴、y 轴、z 轴转动 90 度、180 度、360 度，转动前后没有变化。但是转动 30 度呢？50 度呢？很明显，立方体的位置就变了，我们就能看出来它发生了变化。所以立方体并不是完全对称的。

这下我们知道了，球体的对称性更高！我们判别的依据是对球体、立方体分别进行一些操作，球体在各种操作下都是对称的，而立方体只是在少数操作下才能保持对称性。

这下我们知道了，判别对称性的一个很好的方法就是**交换**位置，交换前后如果无法发现状态的变化，那么就可以判别是对称的。

8.2　钟与旋转 ①

汤姆逊之所以想了解对称性问题，主要是因为课程进入了粒子物理阶段，而粒子物理绕不开的就是群论的概念，弄得汤姆逊十分头晕。对于群论这样的数学问题，请教索菲亚就是找对人了。

索菲亚带汤姆逊来到学校的食堂，里面有一个大钟是学生们每天都要看的，如图 8-2 所示。不少人 10 点 50 分就集合在食堂的门口开始排队了，当时间来到 11 点时，就可以吃饭了，大家就会冲进去。

图 8-2

索菲亚指着钟对汤姆逊说："看，这个钟可以构造一个群。"

"怎么构造呢？"汤姆逊问。

"很简单，数字 1, 2, 3,…, 12 就可以组成一个群，关键是要构造这个群的计算法则。我们构造的法则是群内元素可以自由相加，当相加的结果超过 12 时，就减掉 12。"

"我来想想看。"汤姆逊按照索菲亚的办法做了一下心算，他发现了神奇的事，那就是群里的元素无论怎样运算，仍然在这个群内！

实际上，数学上满足以下四条公理就成为一个群。

（1）**闭合律**：群内元素按照某种运算规则进行运算，结果始终位于群内。

（2）**结合律**：群内元素按（$a*b$）$*c$ 计算得到的结果，与 $a*$（$b*c$）一致，这里 $*$ 是指运算规则。

（3）**具有单位元**：群内元素 a 与单位元之间的运算，结果仍然是 a，比如钟这个例子的单位元是 12。

---

① 8.1 节与 8.2 节系参考《一元五次方程没有有限次加、减、乘、除、开放运算》，作者轶名。

（4）**每个元素都存在逆**：群内元素 a 必然存在且只存在一个逆 a'。a 与其逆元素进行运算得到单位元。例如，在钟这个例子中，元素 3 的逆就是 9。

读者不妨自己试试看，钟的例子是否满足上述四条公理。

群论的基本规则看起来很简单，但实际上可以演化出一大堆复杂而有用的定理与运算体系。

特别需要说明一下，在第二条公理中，如果 $a*b=b*a$，那么群就是可交换的，也称为阿贝尔群；否则就是不可交换的，或者说非阿贝尔群。绝大部分群都是不可交换的，阿贝尔群是少数特殊的群。

钟对称群是一个比较简单的例子，下面考察稍微复杂一点的情况。

图 8-3 是一幅从上往下看的俯视图，是汤姆逊用手指压住白纸的一角，然后推着白纸另外的角，让白纸旋转。

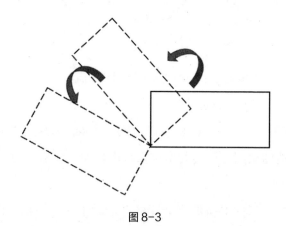

图 8-3

旋转这个动作显然没有改变白纸的物理性质，只不过改变了空间位置。注意这种改变始终有个角被固定住，相当于白纸围绕手指这个轴进行转动。在这个过程中，实际上构建了一个群。白纸在 360 度范围内停留在任意一个位置，就是群的一个元素，转动的角度 θ 就是运算。

我们发现，无论怎样转动，群都是闭合的。另外，初始位置转 30 度再转 60 度，与初始位置先转 60 度再转 30 度，效果一模一样，符合交换律；旋转 360 度就是一个单位元；每个元素先从初始状态顺时针转一定角度，然后逆时针转相同角度，必然回到初始状态。

　　所以，我们验证了，这是一个群，我们称它为"白纸群"。而且不同于钟对称群，白纸群里的元素是连续的。钟对称只能选 1, 2, 3…这样的正整数，而白纸群可以选任意的角度，这个角度可以是整数，也可以是分数（如 $30\frac{1}{2}$ 度），甚至可以是无理数。于是，元素可以取实数域内的任何数，这种群，数学家们称之为李群，其元素覆盖连续范围。实数的数学符号是 R，白纸群的操作是在二维平面上进行的，因此，这种群可以用符号 R(2) 表述。

　　现在，我们得让事情变得更复杂一点。

　　刚才的旋转是在二维实数平面进行的，让我们看看一维复数平面的效果。首先，做一道特别简单的方程题：

$$x^2 = -1$$

　　这个方程有解吗？在相当长的时间里，数学家没有理会这样的方程，但实际上它是有解的，答案是 i。这里的 i 是个虚数，定义是：i 的平方等于 -1。有了 i 的概念，复数的概念就出来了。复数可以写成：a+bi 的形式，a 是实部，b 是虚数部。复数可以对应图 8-4 中的一个点。

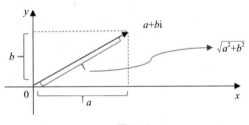

图 8-4

　　起初，虚数、复数这样的概念根本得不到认可。莱布尼兹的评价是：虚数是神灵遁迹的精微而奇异的隐蔽所，它大概是存在和虚妄两界中的两栖物。随着数学的发展，大家逐步认可了虚数、复数的概念。这个精灵一旦被释放出来，就成为重要的"利器"，解决了许许多多数学与物理学问题。

　　复数如何比大小呢？

　　实数比大小很容易，如 4 比 3 大，一眼就看出来了。但是 4+3i 与 3+4i，这两个复数谁大呢？为了解决这个问题，人们定义了模的概念，模的大小等于 $\sqrt{a^2+b^2}$。熟悉勾股定理的人一眼就能看出来，模就是复数到原点的直线距离，具体见图 8-4。例如，4+3i 的模是 5，3+4i 的模还是 5，因此两个复数是一样大的！

刚才一直在说二维实数平面的旋转问题，实际上，这种旋转在一维复数平面的效果是一样的。我们构建这样的群：全体模为 1 的复数，这些复数构成全部元素。运算法则是乘法，乘法下，模为 1 的复数相乘得到的模仍然为 1，于是运算满足元素的闭合律。除此之外，该群还满足交换律，具有单位元（1+0i）、逆、连续这几个特点，因此，这是一个李群，我们将针对模为 1 的一维复数的旋转群称为 U(1)。

U(1) 等效于 R(2)。

数学家们最擅长推广。R(2) 可以进一步推广到 R(3)。

现在，汤姆逊把桌上的白纸换成了一本厚厚的书，他捏住书的一个角，让书在 360 度的空间里随意地旋转。也就是说，书的一个角落被固定住了，剩余的部分像个刚体一样，在自由空间里旋转，如图 8-5 所示。假如图 8-5 中虚线画出来的书是一个任意摆放的位置（前提是也有一个顶角被固定），可以证明，这本书沿着 x 轴、y 轴、z 轴分别旋转一定的角度，一定能达到虚线位置。

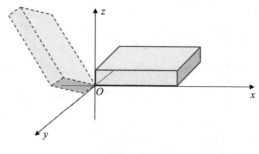

图 8-5

现在，这本旋转的书可以构建三维实数空间的旋转群，书的每一个位置就是群内的一个元素，分别沿 x 轴、y 轴、z 轴旋转一定的角度构成运算法则，这个群被称为 R(3)。R(3) 是符合群定义的，读者们可以自己尝试验证一下。

刚才提到，R(2) 与 U(1) 是等效的。那么 R(3) 与 SU(2)，也就是二维复球面是否也等效呢？这得经过一个相对复杂的数学演算过程，汤姆逊只想知道结论，索菲亚告诉他，结论是两种群基本上等效！所谓基本上，就是说还有一点儿差异：R(3) 经过 360 度旋转能够回到起始位置，但 SU(2) 必须经过 720 度才能回到起始位置。

SU(2) 基本等效于 R(3)。

这点小小的差异，在物理学世界中，可就非常重要了。

我们在 6.2.9 节中知道了拉氏量。拉氏量的重要意义在于微观粒子在某些变化下，其拉氏量是守恒的，由此可以推导出微观粒子的能量、总角动量、轨道角动量守恒。

物理规律的某种对称性质在数学形式上表现为拉氏函数或哈密顿量对于某类变换具有不变性。每一类变换常常形成数学中所定义的"群"，因此，群论很自然地成为物理学家研究对称性的法宝。

接下来，需要进一步走进"群论"的世界。

8.3　少年天才

8.3.1　伽罗华的故事

对一元一次方程 $x+a=b$，这个方程一眼就能看出来解：$x=b-a$。

对于一元二次方程 $x^2+2ax=b$，这个方程也不难，方程的根是：$x=\pm\sqrt{b+a^2}-a$。

再来看一元三次方程 $x^3+px^2+qx=\omega$，一元三次方程就比一元二次方程难多了。

古人日常生活中几乎遇不到和一元二次方程打交道的事情，到了一元三次方程，那更是与日常生活不沾边了。但是 16 世纪的意大利人比较特别，他们专门有一个比赛，就是看谁能更快地解出一元三次方程，获胜者将得到奖励。足球比赛有明星，篮球比赛有明星，这种解方程的竞赛当时也产生了明星，塔塔利亚就是这样的明星，因为他每场比赛都能获胜，因此在意大利名声大噪。

卡丹听说了这件事后，千方百计找到了塔塔利亚，苦苦哀求对方，并且发誓一旦知道了奥秘，绝对守口如瓶。

这样的承诺可信吗？很明显不可信。塔塔利亚 1539 年将奥秘告诉了卡丹，而卡丹没有信守誓言，在其 1545 年公开发表的《重要的艺术》一书中，公开了塔塔利亚一元三次方程的解法。由此，一元三次方程的根式解被称为"卡丹公式"。实际上，卡丹公式只是方程三个解当中的一个。1732 年，欧拉完成了一元三次方程全部解的求解方法（含虚数根）。

我们来看一下一元三次方程的求根公式（卡丹公式），如图 8-6 所示。

$$x_1 = \sqrt[3]{-\frac{q}{2} + \sqrt{\left(\frac{q}{2}\right)^2 + \left(\frac{p}{3}\right)^3}} + \sqrt[3]{-\frac{q}{2} - \sqrt{\left(\frac{q}{2}\right)^2 + \left(\frac{p}{3}\right)^3}}$$

$$x_2 = \omega\sqrt[3]{-\frac{q}{2} + \sqrt{\left(\frac{q}{2}\right)^2 + \left(\frac{p}{3}\right)^3}} + \omega^2\sqrt[3]{-\frac{q}{2} - \sqrt{\left(\frac{q}{2}\right)^2 + \left(\frac{p}{3}\right)^3}}$$

$$x_3 = \omega^2\sqrt[3]{-\frac{q}{2} + \sqrt{\left(\frac{q}{2}\right)^2 + \left(\frac{p}{3}\right)^3}} + \omega\sqrt[3]{-\frac{q}{2} - \sqrt{\left(\frac{q}{2}\right)^2 + \left(\frac{p}{3}\right)^3}}$$

$$\omega = \frac{-1 + \sqrt{3}\,i}{2}$$

图 8-6

到了一元四次方程，虽然方程的阶次比一元三次方程要高，但可以用凑平方因子的方法求解，因此反而比一元三次方程还容易一点。一元四次方程由意大利人费尔拉里给出了一般方程的解。

卡丹公式看起来比较复杂，一元四次方程的解看起来也比较复杂，但这都不是我们讨论的重点。

重点是看到一元一次方程、一元二次方程、一元三次方程、一元四次方程的根（也就是方程的解），它们都是系数的某种组合！什么组合呢？系数的加、减、乘、除、开方的组合！这个就厉害了！

古往今来，参与解方程的数学家和数学爱好者不计其数，但是把方程的解看作系数的组合，并且由此创立一门新学科的人只有一个，那就是法国天才数学家伽罗华，他创立的新学科叫作群论。

1811 年，伽罗华出生在巴黎郊区，他在中学时代就被数学的美深深吸引，而且严重偏科，对其他学科完全提不起兴趣。中学学校对他的评论是：奇特、怪异、有原创力又封闭的一个人。在中学里，他自习了勒让德的《几何原理》、拉格朗日的《代数方程的解法》《解析函数论》《微积分教程》等，有些内容是今天大学生才会学的。18 岁那年，伽罗华完成了代数方程一般解的工作，并将成果递交给法国科学院，当时负责审阅的人是柯西，但柯西居然把文章弄丢了，伽罗华是阿贝尔之后又一个栽在柯西手上的天才。

1832 年，也就是伽罗华 21 岁那年，他证明了一元多次方程（达到或超过五次）没有根式解！也就是不能再按照一元一次、一元二次、一元三次、一元四次那样的方法推广到一元五次及以上，到了一元五次方程，就不能通过系数的组合的方式求解方程了。这并不是说高次方程没有解，而是说过去的方法走不通了。

伽罗华的结论看起来平白无奇，但这就是数学最为瑰丽的地方。有些事情总是模糊地感觉是那个方向，比如一元五次方程试了好多好多次都解不出来，但要给出严格的证明，则是相当困难的事。伽罗华从过去的前辈们那种试错法的方法中跳了出来，站到了更高的层次，用构建群的方法完成了这样的证明。而他创立的群论，在日后的数学和物理学中都得到了全面的应用。

天才的结局让人相当遗憾。

他所在的时代正处于法国大革命时期，他年纪轻轻热血沸腾，也参与到了革命军中，并因此入狱。出狱后，伽罗华喜欢上了一名美丽的舞女，并卷入"爱情与荣誉"的决斗。最后，年仅 21 岁的伽罗华倒在决斗场。伽罗华去世 11 年后，数学家刘维尔才发现了伽罗华论文的价值、独创性与深邃性，并在经过整理后公开发表了伽罗华的研究成果，这才使得世人了解到这个奇才的存在。

伽罗华只用了五年时间学习数学便取得了开创性的成就，而且独立创立出重要的数学分支。可以想象，假如命运给他更多的时间，他的成就说不定可以赶上高斯、欧拉这样的顶尖数学家。

言归正传，我们来看看伽罗华是怎么得出结论的，以及群论到底是什么。

8.3.2　同构

同构是群论当中最重要的概念和武器之一，要想了解伽罗华是怎么做到的，首先需要了解伽罗华创立的同构的概念。

假想汤姆逊来到学校操场练习跑步。这是一个 400 米的跑道，如图 8-7 所示。对于汤姆逊的空间位置而言，他站着不动，不会改变他的位置状态；他顺时针跑 400 米会回到原点，如果不注意他流下的汗水的话，他的状态也没有改变；最后他逆时针又跑了 400 米并回到原点，他的状态仍然没有改变。

图 8-7

于是我们构造了一个群，这个群有三个元素，分别是"站着不动""顺时针跑 400 米""逆时针跑 400 米"，我们发现这三个操作都没有改变汤姆逊的位置状态，也就是对称操作。我们将这样的群记为 Q。

现在汤姆逊跑累了，他来到操场边上的高低杠旁边，如图 8-8 所示。

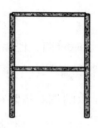

图 8-8

如果汤姆逊站着不动，那么他的状态不会改变；如果他用手撑住低杠腾空，停留几秒又落回原地，那么他的状态仍然不变；如果他做一个引体向上，然后再落回原地，则他的状态还是不变。

于是，我们又构造了一个群，其元素有"站着不动""撑低杠再回到原位""引体向上再回到原位"。我们惊奇地发现，这三个元素或者说操作，同样没有改变汤姆逊的状态，也就属于对称操作，而且元素个数也是三个，这个群与上面操场跑步的群是没有区别的！

在群论的世界里，不管群的元素长成什么样，如果群的元素个数（或者说阶数）一样，而且每个元素都是对称操作，那么这两个群肯定是**同构的**。数学家们将表象千差万别的事物抽象出其中的实质，会发现实质才是最有助于分析问题的。因为群同构，所以意味着两个群的很多性质也是相同的。后面我们将发现这是至关重要的一点。

在刚才操场跑道与高低杠的例子中，群里的元素很少，只有三个。现在我们构造一个元素多一点的群，如图 8-9 所示。

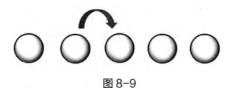

图 8-9

假如我们有五个一模一样的球。现在我们闭上眼睛，助手把其中两个球换了一下位置。当我们睁开眼的时候，根本没办法判断球的位置是否发生了变化，因为球是长得一样的。也就是说，把两个小球换一下位置，这个操作对我们来说是没有任何影响的，对我们而言属于**对称操作**。

图 8-9 是将第二个、第三个小球换了位置，如果将第三个、第五个小球换位置呢？情况也是一样的，后者的操作依然具有**对称性**。我们把所有调换两个小球的操作称为一个群，记为 F_5。用排列组合的知识，我们很容易知道 F_5 是 120 阶的群，也就是群里有 120 个元素，或者说有 120 种调换位置的操作。

这个小球的例子我们先放着，后面会再用到。

8.3.3　域

在钟对称群里，我们知道了群的概念。一个群需要满足**闭合律**、**结合律**、**具有单位元**、**具有逆**四个条件。

光有群的概念还破解不了一元五次方程的问题，这时候需要引入域的概念。对于群而言，对应的操作完全是人为指定的。到了域这里，就有特别的要求了。

域的要求是：

域内的元素对加、减、乘、除都封闭！

也就是说，如果某个集合被称为域，那么它里面的元素在四种数学操作下，满足集合的封闭性。

最经典的域是有理数的集合。对任意两个有理数相加、相减、相乘、相除，其结果依然是有理数。而全体自然数的集合就不构成域，为什么呢？比如 3 除以 5，结果就不是自然数了，就跳出了封闭圈。

有理数域能够满足解方程的需要吗？

答案是不行，比如 $x^2-2=0$，这个方程的解在有理数域中是找不到的，我们必须得在无理数中找，找出来的是 $\sqrt{2}$。我们看到，开方这个操作很厉害，能够帮我们解方程！这时候，我们需要做的动作就是：**域扩张**。

我们在有理数域 $\mathbb{Q}$ 里增加一个 $\sqrt{2}$，变成了一个新的扩张之后的域 $\mathbb{Q}(\sqrt{2})$。

但是要注意，刚才那个简单的方程 $x^2-2=0$ 是有两个根的，除了 $\sqrt{2}$，还有一个 $-\sqrt{2}$ 也是方程的解。$-\sqrt{2}$ 这个解在不在 $\mathbb{Q}(\sqrt{2})$ 里呢？在的，因为有理数域 $\mathbb{Q}$ 里有个元素 0，用 0 减去 $\sqrt{2}$ 就得到了 $-\sqrt{2}$，很简单。实际上，把 $\sqrt{2}$ 放到 $\mathbb{Q}$ 里面，通过加、减、乘、除一套操作，就增加了很多数，比如 $3+\sqrt{2}$、$5-\sqrt{2}$ 等，这些新增的数都在 $\mathbb{Q}(\sqrt{2})$ 里。

现在我们要做一份重点工作了！

我们把 $\mathbb{Q}(\sqrt{2})$ 里的 $\sqrt{2}$ 与 $-\sqrt{2}$ 交换一下，这种操作对解 $x^2-2=0$ 这个方程而言一点影响都没有，这个方程根本不知道有人把 $\sqrt{2}$ 与 $-\sqrt{2}$ 交换过了。所以，交换 $\sqrt{2}$ 与 $-\sqrt{2}$ 是一个对称操作，交换前后的 $\mathbb{Q}(\sqrt{2})$ 是同构的。而且这种同构比较特殊，因为不涉及任何新增的元素，这种同构被称为自同构。所谓**自同构**，就是域的"对称操作"。

听到这里你可能有点晕，不过没关系，多读几遍就懂了。

8.3.4 伽罗华群

我们来看这样一个方程：

$$x^4+2x^2+1=2$$

这个方程有四个根，包含 $\sqrt{2}$ 与 i。

这个时候，$\mathbb{Q}(\sqrt{2})$ 这个域已经不管用了，因为这个域内的元素无论如何都无法通过加、减、乘、除产生虚数 i。所以，必须对 $\mathbb{Q}(\sqrt{2})$ 进行域扩张，把虚数 i 添加进去，形成一个新的域 $\mathbb{Q}(\sqrt{2},\text{i})$。

$\mathbb{Q}(\sqrt{2},\text{i})$ 有几个对称操作呢？

回想汤姆逊跑 400 米，所谓对称操作就是操作完了之后状态没变。那么 $\mathbb{Q}(\sqrt{2},\text{i})$ 有四个对称操作：第一个是不做操作，相当于汤姆逊站着不动；第二个是交换域内所有的 $\sqrt{2}$ 与 $-\sqrt{2}$；第三个是交换域内所有的 i 与 $-$i；第四个是同

时交换 $\sqrt{2}$ 与 $-\sqrt{2}$、i 与 $-i$，这四个操作都不改变域的状态。而且，按照刚才的说法，这四个操作都是 $\mathbb{Q}(\sqrt{2}, i)$ 的自同构群。

在这四个同构群中，有两个是不改变 $\mathbb{Q}(\sqrt{2})$ 的，那就是第一个操作（即不做操作）、第三个操作（即交换 i 与 $-i$）。这两个自同构群称为**伽罗华群**！也就是说，伽罗华群是那种域扩张过程中，维持原来的域不动的那些自同构群。

8.3.5　特工手表

这个时候，为了形象地理解伽罗华群，咱们需要把特工手表搬出来，如图 8-10 所示。

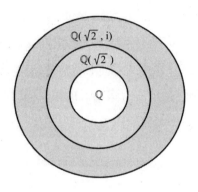

图 8-10

特工手表很特别，由好几圈组成。最里面的一圈看时间，中间的一圈用来远程对话，最外面的一圈是雷达，扫描附近的敌人。为了防止敌人把这款手表偷走，特工手表做了特殊设定，操作错误就会报警或者失效。**只有不动，或者只对称旋转外层，保持内层不动**的操作，才不报警。

在有理数域 $\mathbb{Q}$ 扩张到 $\mathbb{Q}(\sqrt{2})$ 的过程中，有两个操作是 $\mathbb{Q}(\sqrt{2})$ 的对称操作且不影响 $\mathbb{Q}$ 的：一个是不做操作，一个是调换 $\sqrt{2}$ 与 $-\sqrt{2}$ 的操作。这两个操作能够满足不动，或者对称旋转了中间的一圈而维持最里面的一圈固定不动。

在 $\mathbb{Q}(\sqrt{2})$ 扩张到 $\mathbb{Q}(\sqrt{2}, i)$ 的过程中，有两个操作是 $\mathbb{Q}(\sqrt{2}, i)$ 对称操作且不影响 $\mathbb{Q}(\sqrt{2})$ 的：一是不做操作，二是调换 i 与 $-i$ 的操作。这两个操作能够满足不动，或者对称旋转了最外面的一圈，而维持最里面的一圈和中间的一圈固定不动。

我们看到，那些使得特工手表不报警的操作，对应的都是伽罗华群！

现在，我们不满足于特工手表不报警这件事了，我们要使用特工手表！而使用特工手表功能的方法就是：**只对称旋转外层，保持内层不动。**

但有时候会碰到奇葩的现象，手表用了太久生锈了，不好用了，转不动了！我们来看一个例子。

还是沿用图 8-10，但是我们把 $\mathbb{Q}(\sqrt{2})$ 换成 $\mathbb{Q}(\sqrt[3]{2})$，注意，换了之后不再是根号 2，而是 2 的开立方，这个域对应的方程是 $x^3-2=0$。不同于根号 2 的情况，那时候 $\pm\sqrt{2}$ 都是方程的解，而这次实数里头只有一个解 $\sqrt[3]{2}$，所以我们再想依葫芦画瓢就画不成了，$\sqrt[3]{2}$ 没东西给它换了，也就是没有除不做操作外的对称操作了，也就是说，特工手表的转盘转不动了。

正在我们着急的时候，突然有人送来了润滑油，这下问题可以解决了。

怎么解决呢？在 $\mathbb{Q}(\sqrt[3]{2})$ 里头再增加两个复数根，这样就可以了，手表又可以转得动了。我们将这种囊括了所有多项式的根，同时每个根不重叠的扩张，称为**伽罗华扩张**。

8.3.6 核心思想

现在我们终于可以来看一元五次方程了。

如果一元五次方程具有求根公式，那么求根公式一定是在有理数的基础上，不断添加类似于 $\sqrt{2}$、$\sqrt[3]{2}$ 这样的无理数构成的。

我们观察一元二次方程、一元三次方程的那些求根公式，会发现求根公式的系数是可交换的，比如方程 $x^2-2=0$，交换两个根 $\sqrt{2}$、$-\sqrt{2}$，方程本身完全不知道我们做了这种交换操作，方程依然得解。我们再仔细观察一元三次方程的卡丹公式，发现其也有极高的对称性。

对于一元五次方程，也是一样的，当我们尝试有限次地添加无理数到方程解对应的域中时，都能够满足交换律（都允许交换操作）。所以，如果一元五次方程具有求根公式，那么方程解所在的域 M 一定可以通过有理数域的域扩张得到，而且一定可以把 $\mathbb{Q}$ 到 M 的域扩张分成有限的若干步（每一步添加一个类似于 $\sqrt{2}$ 这样的无理数），使得每一步扩张的伽罗华群都满足交换律。

如域 M 满足这种要求，就称 $\mathbb{Q}$ 到 M 的域扩张对应的伽罗华群是可解群。

换言之，一定能够找到一条链，把 $\mathbb{Q}$ 扩张到 M。

根据代数基本定理，一元五次方程具有五个根，而且我们可以任意交换这些根，对于方程本身而言，这些根长得一模一样。一模一样？我们马上会想起来，这不就是上文列的那五个一模一样的球吗？是的。我们马上又会想起来，这不就是同构的概念吗？是的。于是我们马上就知道，将 $\mathbb{Q}$ 扩张到 M 的域扩张对应的伽罗华群是 F_5（翻看一下五个球的例子，那里的定义就是 F_5）。

但是，F_5 除了不做操作及它本身，只有一个中间链（所有 F_5 的偶置换构成的群），而且这个中间链不满足交换律！

这里略作解释，我们怎么知道上述结论的呢？对于只有一个中间链这件事，我们不需要研究复杂的 $\mathbb{Q}$ 扩张到 M，我们只需要研究它的同构群，也就是那五个一模一样的球，甚至是更简单的 F_5，这个结论是通过研究简单的同构群得到的。这就是同构的巨大威力。

那么我们怎么知道中间链不满足交换律呢？

同样地，我们还是通过研究简单的同构群得出了这样的结论。不过需要多提一下，大多数群都是不满足交换律的，这一点从群的定义就能知道。一般的群只要求结合律，满足交换律的群是极少的、性质极好的群，比如阿贝尔群。

好了，有了刚才那段粗体字的结论，我们看到了矛盾，并可以得出结论了：因为把 $\mathbb{Q}$ 到 M 的扩张并不能满足"**域扩张分成有限的若干步（每一步添加一个类似于 $\sqrt{2}$ 这样的无理数），使得每一步扩张的伽罗华群都满足交换律**"，所以，一元五次方程没有求根公式！

以上就是伽罗华给出一元五次方程没有求根公式结论的大致思路，详细证明可以参阅伽罗华的原著。

从这个思维训练的过程中，我们知道了群论的强大，我们知道了同构的强大，我们知道了交换律的难得，我们知道了对称性的重要性。有了同构这把上古神器，我们就有机会了解粒子物理最深刻的原理了。

8.4 对称与规范

自然科学发现之路，往往是物理与数学相互配合。有时候物理走在前面，数学家根据自然原理发展出一套工具；但更多的时候，则是数学走在前面，一些尘封百年的数学方法在后世发扬光大。最典型的莫过于黎曼几何在广义相对论中的应用。类似地，群论诞生于 19 世纪，一百多年后，以群论为核心的数学理论的规范场理论（简称规范场论）问世了，这是 20 世纪下半叶殿堂级的科学理论。

规范场论有点类似于相对论，两者都是人类历史上少数的从理论出发再到实验验证的典范。其他大部分物理学理论都是根据实验结果做出的，比如伽利略根据比萨斜塔实验做出自由落体的理论，开普勒根据行星运动规律总结开普勒运动三定律，科学家根据杨氏双缝实验结果确定光具有波的属性等。但规范场论从自然法则最深刻的哲理出发，做出了一系列预言，最终被实验证实。

规范场论是 1954 年由杨振宁与其学生米尔斯共同创立的，被人们称为杨 - 米规范场论，随着规范场原理逐步深入人心，并且在弱相互作用、强相互作用相关理论中发挥了核心作用，规范场论最终成了 20 世纪下半叶最为耀眼的标准模型理论。

8.4.1 规范场原理

想象有一段电线，电线一头的电压是 20 伏，另一头的电压是 0 伏，那么电子很显然会从右边流向左边，如图 8-11 所示。

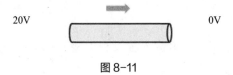

图 8-11

当我们把这段电线放置在地板上时，电流强度、电阻这些参数与电线放在天花板上时不会有任何差异。换句话说，电流遵循的物理规律不会因时空位置的不同而改变。进一步，电磁现象的物理规律不会因坐标系的变化而变化。

让我们想象一个更有意思的例子。

山脚下有一座教堂，人们每逢周日会去做礼拜，诵读的内容是来自神的教导。教堂有一个很明显但不被人们注意的特点，那就是教堂的地板是完全水平的，是经过建筑工程师精细测量的。也就是说，不存在哪块砖特别高，或者哪块砖特别低的情况，人们在地板上行走不会觉得异样，因此也就认为地板水平是一件顺其自然的事。

突然有一天，教堂莫名其妙地被挪到了山顶上，如图 8-12 所示。我们忽视挪动这个动作，只关注开始与最终的状态，那么教堂里的信徒会浑然不知这种变化，他们诵读的经文不会有任何差别，这个教堂的模样也没有发生变化，教堂的地板还是像平静的湖面一样光滑、平整，保持完全水平的状态。

图 8-12

上面两个例子暂且按下不表，这对后文的分析很有用。

20 世纪 50 年代，爱因斯坦广义相对论已经深入人心，相对论一个非常普适的世界观就是物理法则不会因为坐标系的不同而不同，也就是不会在坐标系变化下协变。实际上不仅是空间坐标，连同时间这个第四维度也需要考虑在内。总的来说，物理法则在时空坐标变化下保持不变。物理法则不随坐标系变化这一点，已成为物理学界的共识。

粒子物理是量子力学主导的天下，自然也需要遵守量子力学波函数的规律。按照薛定谔方程：

$$-\frac{\hbar^2}{2m}\nabla^2\psi+V\psi=E\psi$$

ψ 代表波函数，在量子发现之旅中我们已经知道，ψ 的平方乘以 dxdydz（代表单位体积元），可以得到单位体积元内发现粒子的概率。方程左边第一项代表粒子的动能，第二项代表粒子的势能，方程右边代表粒子总的能量。

回到电线还有教堂的例子，物理法则不会因为时空坐标的变化而变化，因此，波函数改变其相位，薛定谔方程应该照样成立，这一点非常重要！波函数是个复变函数，即参数是复数，波函数改变相位只需要乘以 $e^{i\theta}$①。

时空某一点的 ψ 是一个复数，相当于箭头绕原点做圆周运动，夹角的变化其实就是相位的变化，但模永远不变。物理学家是根据模的大小判断时空某点发现粒子的概率的，相位其实是一个不用关心的参数。

假如 θ 是个常数那还好办。θ 是常数时，薛定谔方程的波函数乘以一个常数 $e^{i\theta}$ 后，利用高等数学的方法可以证明方程恒成立。用通俗的例子来解释，θ 为常数相当于电线这个例子左端、右端同时增加一个电伏，如左端从 20V 增加到 24V，右端从 0V 增加到 4V，电线里边的电流其实不会发生任何变化。

再举一个极端一点的例子，有个科学狂人拿自己的身体做实验，他坐在绝缘板上，左手右手同时触摸 220V 电路，这个时候神奇的事发生了，科学狂人什么问题都没有，因为两端都是 220V，身体里不会有电流通过。

最后就是我们的教堂的例子，θ 是常数相当于教堂地板同时上升相同的高度，比如从山脚的 0 米高上升到山顶的 300 米高，显然，教堂里的信徒不会觉得有什么异样，因为地板还是完全水平的，不影响他们诵读经文。

到目前为止，似乎一切都好。

然而，杨振宁看出了问题！

自然法则的坐标变化不变性，这显然没问题，但为了使自然法则不变，人为地要求时空中的所有坐标全体发生一致的变化（相当于全局变化），这仔细想想又不对了。比如那所教堂，当东边的地板上升 300 米的时候，西边的地板并不能在同一时刻知道东边地板上升的高度，不能配合着也上升 300 米。

早在 1905 年狭义相对论发表时，爱因斯坦就提出了光速是宇宙间不可超越的速度，相应地，信息传递（不考虑量子纠缠）也不应该超过光速。因此，东边地板和西边地板不可能实现"瞬间通信"，然后联手一起提高 300 米。也就是

---

① 早在 300 年前，数学家欧拉就给出了欧拉等式：$e^{ix}=\cos x + i \sin x$，等式右边相当于实数 - 虚数平面的一个圆，$\cos x$ 是实轴的投影，$i \sin x$ 是虚轴的投影。相应地，等式左边的 e^{ix} 也是一个圆，x 就是圆的夹角。

说，东边与西边符合逻辑的情况是变化的幅度不相同，这导致的结果就是教堂会发生形变，地板不再水平，信徒将感受到明显的异样，从而放下他们手中的经文，来看到底发生了什么。

教堂的例子说明，没有道理要求 θ 仅仅是一个常数，实际上，θ 应该是一个随着空间坐标、时间坐标变化的一个变量，即 $\theta(x, y, z, t)$，与此同时，作为一个变量，薛定谔方程依然必须成立！

对于杨振宁而言，全局变化不变性当然是好的，当然是要满足物理法则在不同参考系的不变性的。具体到波函数，就是全局的相位变化不变性当然是一件好事。问题在于，这种要求有点过分了，大自然并不同意全局变化的不变性。这种情况下，改成局域变化不变性才是符合自然规律的。

这就是矛盾点，这就是问题所在！

当 θ 是随着时空坐标变化的变量时，再次将薛定谔方程的波函数乘以 $e^{i\theta}$ 后，麻烦出现了：方程左边的能量算符 $-\dfrac{\hbar^2}{2m} \nabla^2$ 存在二阶偏导数，而方程右边却没有偏导数算符，方程一下子就不成立了！本来放之四海皆准的薛定谔方程居然不成立了，这就非常尴尬了。

为了解决这个问题，1954 年，杨振宁与其学生米尔斯联名发表论文，提出了规范场论。他们认为，有必要在波函数方程中增加一个补偿函数：

$$qA(x)\psi(x)$$

其中，$\psi(x)$ 为波函数，$A(x)$ 可以称为欺骗因子函数，其作用是抵消波函数相位局域变化带来的影响，q 是一个常数。有了这个补偿函数（或者叫欺骗项）就好办了，每当变化导致波函数方程不成立时，这个增项就能够抵消"错误"，使得方程依然成立。这样的话，波函数方程就同时满足全局及局域规范不变性了，即相位在不同时空点的变动依然不影响方程的成立，如图 8-13 所示。还是那个教堂，欺骗项的责任就是微调，当东边的地板上升 300 米，西边地板上升 200 米的时候，欺骗项就负责把西边的地板再上升 100 米，从而使教堂仍然保持水平、稳定的状态。

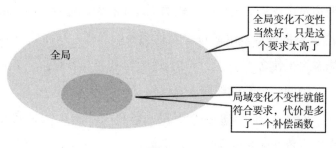

图 8-13

总结一下，杨振宁、米尔斯创立的规范场论是说：

波函数在全局及局域变化下保持不变性，这就是规范场原理。

现在我们知道了规范场原理，我们知道了局域变换不变性的重要性，我们知道了局域的概念，我们知道了需要添加补偿项 $qA(X)\psi(x)$，但我们还是不太理解这里的"变换"指的是什么，我们需要明确一下。

粒子物理当中的"变换"指的是某种场（如电场、弱相互作用力场）在相位发生变换的情况下，准确地说是局域相位发生变化（也就是**规范变换**）时拉氏量和运动方程保持不变！相位变换刚才已经说过了，很简单，就是波函数 $\psi(x) \to e^{i\alpha}\psi(x)$，添加一个 $e^{i\alpha}$ 就是给波函数转动一个角度，或者说调整一下相位。这我们已经完全理解了，剩下的就是拉氏量和运动方程的不变性。

拉氏量就是粒子体系的动能减去粒子体系的势能的算符，或者说最小作用量。改变一下波函数的相位，当然不可能改变最小作用法则，所以规范变换下拉氏量不变，这一点就是理所当然的事情！

运动方程保持不变也一样，运动方程是粒子内在需要遵循的法则，不会因为规范变换而失效。

所以，我们又一次理解了规范场原理的内涵。

8.4.2 从 U(1) 到 SU(3)

对于电磁相互作用而言，规范变换是进行局域的相位变换。我们回忆一下汤姆逊用手指压住书的一角，让书在平面上转动这个例子。汤姆逊可以任意选择旋转的角度，覆盖掉从 0 度到 360 度中每一个角度。汤姆逊在平面上旋转书的那个群是 R(2)，R(2) 在数学上可以等价于 U(1)，这一点在讲钟对称与旋转对称时我们已经提到过了。实际上，U(1) 就是复平面上转圈圈，而相位变换不就是转圈圈吗？

说到转圈圈，我们马上又会想起来一元五次方程。我们看过了"**同构**"概念的重要性，实际上，在电磁相互作用中调整相位，与复平面的 U(1) 是同构的。

更重要的是，在电磁相互作用下，这种旋转能够保持拉氏量与运动方程的不变，也就是对称操作，也就是可交换的。继续回忆伽罗华给出一元五次方程无根式解的过程，我们清楚地知道，可交换群是非常难得的，连续变化下的可交换群被称为阿贝尔群。

这里我们可以肯定地说：

电磁相互作用的规范变换组合在一起，形成一个一维李群，即 U(1)，而且这个 U(1) 很特别，它满足规范变换下的不变性。也就是说这些 U(1) 都是对称操作。

能够满足交换律的群少之又少，我们以这个特点为基础，结合杨振宁、米尔斯写下的补偿项 $qA(X)\psi(x)$，就可以找到对应方程的解，这个解是一个静质量为零的粒子，即光子。用 U(1) 规范不变性描述的理论就是量子电动力学，这个比量子力学就高级了一步。站在高处再往下看，就容易透过现象看到本质，利用 U(1) 规范对称性可以确定其中的"荷"（也就是电荷）守恒，也就能推导出荷守恒定律（也就是电荷守恒定律）。

电磁相互作用的下一步就是弱相互作用。

对于弱相互作用，除了要考虑局域相位变化的不变性，还得考虑同位旋变化的不变性。弱相互作用所有的变换组合在一起，形成一个二维李群 SU(2)，二维李群的生成子共有三个。根据规范场原理的哲学思想，这次需要引入另外三个补偿函数：

$$g_1W_1(x)\psi_n(x)+g_2W_2(x)\psi_n(x)+g_3W_3(x)\psi_n(x)$$

上述方程的解对应三个中间玻色子（类似于光子传递电磁相互作用，这三个中间玻色子是传递弱相互作用的）。

杨振宁、米尔斯是在 20 世纪 50 年代提出上述二维李群的。由于方程解出来的中间玻色子质量不为零，而当时人们尚未发现光子之外静质量为零的粒子，所以杨振宁、米尔斯提出的三种规范粒子好像在现实中找不到相应的对象，于是被束之高阁好几年。

到了 20 世纪 60 年代，希格斯和高德森提出了自发对称性破缺，这就意味着杨－米规范场的三种规范粒子可以意外地获得质量，从而静质量不为零（希格斯机制在本书的第 10 章进行具体的讨论）。希格斯机制的提出，使得人们再次关注规范场理论。

1967 年，温伯格、萨拉姆根据杨－米规范场论和自发对称性破缺机制，提出了电弱统一理论，即 U(1) × SU(2)，其中 U(1) 的规范粒子为光子，其用于传递电磁作用力；SU(2) 的规范粒子分别为 W$^+$ 粒子、W$^-$ 粒子、Z 粒子，其用于传递弱作用力。这样一来，电磁力和弱作用力被统一在一组方程里，可以用统一的理论加以描述。

1983 年，W 粒子、Z 粒子被实验证实。后续，又有许多关于电弱统一的预言得到实验验证。

静质量不为零的中间玻色子 W 粒子、Z 粒子的发现，被人们视为规范场论的伟大胜利。

弱相互作用的问题解决之后，接下来就是强相互作用。物理学家们依葫芦画瓢，在强相互作用对应的波函数后面加了八个补偿函数。之所以要加八个补偿函数，是因为强相互作用遵循 SU(3) 规范变化不变性，对应的生成子有八个，于是对应八种胶子。

至此，规范场论取得了电磁作用、弱相互作用、强相互作用方面的胜利（强相互作用还没有像弱相互作用那样成功，原因是实验室难以分离夸克与胶子，这在第 11 章会有讨论）。

8.5 统一之路

8.5.1 电磁统一

人类很早就接触到电磁相互作用，古时候人们就观察到下雨天电闪雷鸣的现象。除此之外，通过摩擦起电现象，古人意识到带电物体之间存在相互吸引，或者相互排斥的力的作用。到了 18 世纪中期，美国的本杰明·富兰克林对雷电现象进行了详细研究，他提出电荷守恒原理，即电荷可以移动，可以转移，但不能无中生有，也不会自动消失。

19 世纪初，丹麦物理学家奥斯特首次将电与磁联系到了一起。奥斯特发现，当通电导线处于运动状态，并放置在磁针旁边时，磁针的南北极会跟随电流的方向偏转，这意味着电流激发了某种磁效应，从而与外部的磁针发生相互作用。奥斯特认为，电和发热、发光现象是有联系的，同样，电与磁之间也存在某种重要联系。

此后，电动力学创始人安培做了更深层次的思考。电与磁这两个看起来如此迥异的事物，怎么会产生联系呢？安培注意到，由导线环绕成的螺线管一旦通电，则会表现得和磁铁一样，也有南北极的概念，也会与磁体发生相互吸引或者排斥。经过研究，安培提出了著名的分子电流假设：磁性物质内部存在无数微小的"分子电流"，它们永不衰竭地沿闭合路径流动，从而形成一个个小磁体。

奥斯特发现"动电"能够"生磁"之后，英国的法拉第开始思考另一个问题，即"变磁"能否"生电"。1831 年，法拉第通过实验发现，振荡运动的磁针周围放置的导线出现了电流反应，即变化的磁体引发了电流。由此，法拉第提出电磁感应定律：

$$E = -\frac{\mathrm{d}\Phi}{\mathrm{d}t}$$

这个公式意味着闭合回路上产生的感应电动势 E 和通过闭合环路的磁通量 Φ 的变化率成正比。

1873 年，麦克斯韦发表了《电磁学通论》，在前人工作的基础上，集电磁学的大成，有点类似于牛顿在经典力学中的地位。麦克斯韦用一个简洁而优美的方程组，综合概括了电磁场的物理规律，成为电磁场理论乃至物理学当中的不朽之作，如图 8-14 所示。

$$\nabla \cdot \vec{D} = \rho$$
$$\nabla \times \vec{E} = -\frac{\partial \vec{B}}{\partial t}$$
$$\nabla \cdot \vec{B} = 0$$
$$\nabla \times \vec{H} = \vec{\delta} + \frac{\partial \vec{D}}{\partial t}$$

图 8-14

麦克斯韦的著作预言了电磁波的存在，1888 年，赫兹通过实验验证了电磁波的存在，宣告了麦克斯韦电磁场理论的巨大成功。

8.5.2 四费米子理论

弱相互作用是粒子裂变时的一种相互作用，从表象来看，跟电磁相互作用没有半点联系。

不过，物理学家干的活就是将两个看似没有任何联系的事物，抽象出其中的本质，总结其中的规律，发现其中的联系。

20 世纪 30 年代，费米在研究中子 β 衰变时，提出了著名的四费米子理论。所谓中子 β 衰变，是指中子吸收电子中微子并自发地衰变成质子和一个电子的过程。由于衰变过程会向外释放电子，因此属于 β 衰变。

费米认为：在中子 β 衰变过程中，中子变成质子，同时中微子变成电子。中子和质子形成一个与电流类似的带电的矢量流（V 流），中微子与电子形成另一个带电矢量流。四个费米子在一点的弱作用，可看成是矢量流与矢量流的相互作用，它保持宇称不变。由于弱作用力程太短，所以费米假定这四个粒子是在同一点发生相互作用的。由于这四个粒子都是费米子，所以称这个理论为四费米子理论。

此后，费曼、盖尔曼等人改进了四费米子理论，将其升级为 V-A 理论，在 V-A 理论中，物理学家们意识到弱相互作用的过程实际上也是交换带电粒子的过程，这些带电粒子的自旋为 1，与光子一样（光子是电磁作用的传递者），称为中间玻色子 W^+ 和 W^-。进一步，有人提出来，弱相互作用与电磁相互作用的机制有相似性，两者之间可能存在深刻的联系。

四费米子理论以及改进版的 V-A 理论最大的问题是不可重整化。

对于物理学家来说：

一个理论如果是不可重整化的，那就是可以抛弃的理论。

在诸多物理学方程中，有些高阶项的计算结果会发散（也就是变成无穷大），这时候可以用有限数目的项来抵消无穷大的项，这种情况称为可重整化。反过来，如果某个理论存在无限多的发散项，那么就是不可重整化的。一个不可重整化的理论，往往不能满足自洽性要求，基本上都属于无效理论。

8.5.3　电弱统一理论

1957 年，美国物理学家施温格提出：弱作用与电磁作用具有统一的形式，负责传递力的中间玻色子是 W^+、W^-。施温格的理论计算结果显示，W 的质量很大。

格拉肖在其导师施温格工作的基础上继续开展电弱统一理论的研究。不同于施温格"唯象"的研发风格，格拉肖的理论是建立在杨－米规范场论的基础之上的，也就是从弱作用补偿函数起步。除此之外，格拉肖对理论模型进行了可重整化的努力。1959 年，格拉肖终于建立了一套弱作用与电磁作用统一的理论。萨拉姆得知格拉肖的工作后，发现其中有一些数学计算存在很大的问题，并于 1961 年发表了改进的模型，这就是电弱统一模型。

类似于麦克斯韦统一电磁现象的麦克斯韦方程组，电弱统一理论也有一套方程组，如图 8-15 所示。

$$A_\mu = \cos(\theta)B_\mu - \sin(\theta)W_\mu^3$$

$$Z_\mu = \sin(\theta)B_\mu - \cos(\theta)W_\mu^3$$

$$W_\mu^+ = \frac{1}{\sqrt{2}}(W_\mu^1 + iW_\mu^2)$$

$$W_\mu^- = \frac{1}{\sqrt{2}}(W_\mu^1 + iW_\mu^2)$$

图 8-15

上述方程中，第一行表示电磁场，第二行至第四行表示弱相互作用中 W^+、W^-、Z 等粒子对应的规范场。θ 表示温伯格角。这组方程表示电磁力、弱力是存在耦合的，当 θ 选择不同数值时，就会呈现出电磁力，或者呈现出弱作用力。

其中，第一行的电磁场适用 U(1) 规范对称性，第二行至第四行的弱相互作用适用 SU(2) 规范对称性，所以，电弱统一模型适用 U(1) × SU(2) 规范场。

不过电弱统一模型仍然存在一个问题，那就是理论计算出来的中间玻色子 W、Z 的质量不为零，而当时普遍认为中间玻色子的质量应该为零，例如光子的静止质量就是零。在面对这个难题的时候，恰巧粒子质量问题被南部阳一郎、温伯格、希格斯等人解决了。

当时科学家们对于物理法则的对称性深信不疑，人们认为粒子需要遵循的对称性法则之一就是同位旋对称。在同位旋发生改变的时候，系统的拉氏量（最小作用量）保持对称，由此得到的计算结果是弱作用的中间玻色子质量应该为零。但是此后，杨振宁、李政道发现宇称不守恒，以及南部阳一郎在固体物理中发现对称性自发破缺现象，使得对称性不再成为必须遵守的法则。20 世纪 60 年代，希格斯机制被提出，从而明确了 W 粒子的质量可以不为零。

电弱统一模型的一大亮点是预言中性流的存在。1973 年，西欧中心的实验物理学家们分析了两年中拍摄的 140 万张云室照片，终于发现了弱相互作用中性流的存在，从而证实了电弱统一模型。1979 年，温伯格、萨拉姆和格拉肖三位理论物理学家共享了当年的诺贝尔物理学奖。

8.5.4 GUT

爱因斯坦晚年在普林斯顿大学校园里散步，他常常思考的问题是大自然的四种作用力的统一问题，也就是说，如何用一种理论框架，将四种作用力全部纳入。爱因斯坦所思考的"大一统理论"（GUT）也是后世物理学家的不懈追求。

虽然四种作用力看起来有极大的不同，但物理学追求的是表象背后的本质，表象再复杂，背后的原理往往具有简洁性，如图 8-16 所示。

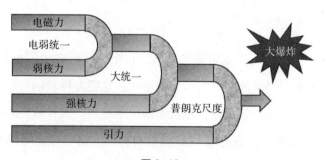

图 8-16

20 世纪 60 年代弱作用与电磁作用已经被统一到一个框架内，70 年代的实验证实了电弱统一理论，这被视作大一统理论重要的第一步。20 世纪 70 年代中期，科学家们继续在规范场论的框架下，从理论上将强相互作用纳入同一个体系。然而，强相互作用力的统一没有电弱统一那么顺利，根源是强核力具有"渐进自由"的特点，根本无法分离独立的夸克和胶子，这样，实验技术条件也就无法像发现 W^+、W^-、Z^0 等粒子一样，去确认胶子的存在。

人们早就发现中子会自发形成 β 衰变，也就是衰变为质子并释放电子。GUT 的理论预言之一是质子也会发生衰变，且衰变后并非中子，由此导致重子（质子、中子）数不守恒。这个理论预言想要检验起来并非易事，由于质子的寿命约 10^{30} 年，所以等到天荒地老也看不到质子的衰变。然而，由于质子的数目极多，等一个等不了，那就等很多个吧。科学家们为了验证 GUT，专门在地底下挖了一个深洞，在里面放置了检测质子衰变的装置。经过很长一段时间后，依然没有等到一个质子发生衰变……

目前，理论上强、弱、电这三种作用力已经全部统一到以规范场论为基础的标准理论中了，但强相互作用力的实验验证难度较大，暂时还没有像电弱统一那样取得完全的成功。

实验没有跟上不要紧，物理学家们不会停留，他们希望从理论上实现引力与剩余三种作用力的统一。

电磁作用适用 U(1) 规范对称性，弱相互作用适用 SU(2) 规范对称性，强相互作用适用 SU(3) 规范对称性。那么，万有引力是否会适用 SU(5) 规范对称性呢？

电磁作用有光子作为传递使者，弱作用有 W^+、W^-、Z^0 等粒子，强作用有八种胶子。在这几种相互作用力中，大自然都没有表现出超距作用，也就是说，两个事物并不会隔空发生相互作用，必须某个使者来进行作用的传递。那么，引力作用是不是也该有某种传递使者呢？科学家们假想这种传递使者为引力子。

关于传递使者这件事，其实仔细一想很容易理解。比如汤姆逊远远看到导师费恩，他用眼睛看到了导师费恩要走近的这个信息，大脑里做出了准备握手的反应。很显然，他不可能离着 10 米远就能握住费恩的手，而是必须得等两个人走得充分近了之后，才能彼此伸出手。在握手的那一刻，汤姆逊、费恩才会同时感受到另一个人带来的反作用力。根据牛顿第三定律，这种作用力大小相等、方向相反。当然，如果汤姆逊与费恩一起去参加学校运动会的拔河比赛，那么两个人也可以产生远距离的相互作用，那就是通过一根绳子来作为力的传递使者。等到比赛结束，绳子落地后，汤姆逊就再也没有什么办法可以让费恩产生前进或后退的运动了，也就是说，科幻电影里的那种靠"意念"让物体移动的事情，现实里可真的没有！

这是普通人通过经验就能理解的道理。现在，电、弱、强三种作用力都有了自己的传递使者，并非隔空发生相互作用，那么，无处不在的万有引力又怎么解释呢？就比如地球几十亿年以来一直在太阳引力的作用下进行公转。

实际上，根据广义相对论，引力是一种时空弯曲的表现。按照爱因斯坦的观点，引力纯粹是一种几何现象，地球会沿着测地线运行，这个测地线就是沿太阳公转的轨道。广义相对论的正确性已经被无数次验证，是毋庸置疑的理论。

部分 GUT 支持者认为，时空几何形状的改变，也是需要引力子负责传递这种信息给到时空场里的物体的。就比如说，地球并没有"眼睛"，它是没办法知道还有一个太阳存在的，于是，需要引力子作为媒介，进行这种作用的信息传递。

目前为止，引力子尚未被发现。它到底是画龙点睛，还是画蛇添足，现在还无法下定论。不过，大统一的脚步不会停止，就算引力不符合 SU(5)，就算根本没有引力子的存在，物理学家们也会想尽一切办法，将万有引力纳入一个统一的理论框架之内。

第 9 章

和希格斯一起赴宴…

质量之谜

转年秋天，汤姆逊和索菲亚都成为大三学生。

说起来时间过得飞快。汤姆逊刚进大学时体重大概 70 千克，整个人相当匀称。读大学两年来，由于大部分时间都坐着或者躺着，平时爱吃巧克力、面包之类的甜食，运动量又不够，因此体重居然上升到了 80 千克，本来跟索菲亚站在一起很般配，现在则有点像一头大熊立在索菲亚身边。

"该减些体重啦。"索菲亚善意地提醒汤姆逊。

"还好吧？也不算太胖。"汤姆逊环视自己，秋天的长袖长裤挡住了身上的脂肪，所以看起来胖得也不明显。

"体重其实只是人们的一种错觉，不用太在意。"汤姆逊说。

"没听说过！体重可是实实在在的呀，不信你去称称看，电子秤可不会骗人！"索菲亚不听汤姆逊的狡辩，坚持要带汤姆逊去称重。学校食堂门口就有一台电子秤，本来用于称量购买的蔬菜、粮食的重量，但时常有学生站上去称量，评估自己体重的变化。

索菲亚说得没错，电子秤不会骗人，汤姆逊的体重如实展示了出来。

"80 千克这个重量是地球上的秤给出的数据，"汤姆逊还不肯服软，"如果把我放到月球上，那么称出来就只有 13 千克了，我就轻飘飘了，还可以蹦跳得很高！"汤姆逊调皮地跳了起来，跳不到半米高就落地了。

"照你这么说，如果把你放到木星上，岂不是有 200 千克重。那样你连路都走不动啦！"索菲亚脑子转得也快。木星的质量比地球大得多，是太阳系中体积最大的行星。在木星上物体受的重力是地球上的 2.5 倍。

看来，体重并不是一种绝对量，相对于不同的重力场就会表现出不一样的数值，如图 9-1 所示。我们得用另一个参数来代替体重，那就是质量。按照牛顿力学的观点，质量反映的是物质抵抗外部作用力的能力。

$G=mg$

月球重力常数仅为地球的 1/6

木星重力常数为地球的 2.5 倍左右

图 9-1

对于一个质量非常轻的物体，外力随随便便就能改变这个物体的运动状态，而且改变的幅度相当大。反过来，如果碰到一个质量非常大的物体，那么外力想改变物体的状态就很困难，而且改变的幅度也会很小。如果这个大质量物体正处于运动状态，那么想让这个物体停下来就需要费比较大的力气。

对于汤姆逊这样的宏观物体而言，他的质量是由无数身体内的基本粒子共同加总的结果，为了搞清楚质量的本质，需要把研究对象换成他身体内的那些基本粒子。

9.1　电梯里失效的手机

大三的学生课程数量减少了一部分，多出来的时间需要跟导师做课题研究，为大四的毕业论文提前做准备。近来汤姆逊和索菲亚经常跑图书馆查资料，有时候一待就是一整天。这天汤姆逊去图书馆五楼查阅资料，他走到老式电梯里，在电梯门关上的那一刻，手机响了起来，一看是导师打给他的。汤姆逊的导师水平很高，对学生们也很严厉，他要求手机 16 小时开机随时随地接听。这下糟了，电梯门关上了，电梯里面可是没有信号的，这会儿想接也接不了。

电梯里边没有信号是什么造成的呢？是信号塔离得太远吗？显然不是，因为电梯之外的附近空间都有很好的信号，可是一旦踏进这个金属"小盒子"就没法接发信息了。

电磁信号（或者说电磁波）是光子传递过程中产生的横波。光子静止质量为零，电磁波的传递距离为无穷远，可以自由穿梭于宇宙。然而，光子在穿越金属腔体构成的密闭空间时，神奇的事发生了，光子的作用范围突然缩小到 1 微米的范围，原因就是金属腔体壁存在大量自由电子，这些自由电子会俘获光子，使光子不再自由穿梭。这就是电梯里往往没有信号的原因。

请想象另一个场景：当我们走在岸边的时候觉得健步如飞，甚至可以轻快地跑起来；可一旦我们走下海，打算在海里游一会儿的时候，会发现身体被海水阻挡，很难前行，行动的速度会慢很多。这种感觉有点儿等效于我们仍然走在岸边，但自身体重或者说质量增大了很多。

还有一个场景：风和日丽的时候我们走在大街上，胖子与瘦子走起路来，都能比较正常地行动，不会感到任何异样。但是，如果碰到台风就没这么好了，无论胖子还是瘦子都被风顶着走不动路了。瘦弱的人仿佛突然变成了胖子，感觉行动非常费力，而身宽体胖的人有可能完全无法移动了。

光子在金属腔体壁内的表现，就类似于我们下海游泳或者顶风步行。光子被自由电子拖拽后，抵抗外部作用力的能力增强了，想要使金属腔体内的光子改变运动状态的难度变大了，或者说光子"变重了"。我们回顾质量的定义就能明白，这种状态下的光子，其观测到的质量增加了。

汤姆逊下了电梯，马上给导师回电话，原来导师需要他写一篇与希格斯场有关的论文，汤姆逊正好到了图书馆，赶紧翻阅起相关的文章和书籍。

9.2　粒子聚会

希格斯是一位英国物理学家。20 世纪 60 年代，希格斯对质量的产生有了很浓厚的兴趣。他时常想，宇宙大爆炸刚发生的时候粒子是没有质量的，但在不到一秒的时间里，这些粒子纷纷获得了质量，到底是谁赋予了粒子质量呢？或者说质量是如何产生的呢？希格斯提出了自己设想的理论模型，被后世称为希格斯机制，在他的理论模型中还预言了一种粒子，被后世称为希格斯粒子，亦有人称之为上帝粒子。

为了解希格斯场创造质量的过程，需要看一个经典的例子：

在一场大型聚会上，人们三三两两端着酒杯交谈，气氛不算热烈，服务员可以自由地穿行于会场，为客人们端鸡尾酒和果盘。这时候，会场的主人走进来了，人们纷纷侧目，开始涌上前去，希望跟主人打个照面。可以想象，主人在会场里的行动会非常缓慢，看起来就像步子很沉重一样。过了一段时间，又有人在会场的门口宣布了某个重磅消息，先是门口的人们开始沸沸扬扬地谈论起来，之后会场中央的人开始往门口挪动，希望从门口附近的人那里听到重磅消息的内容，他们听到消息后，再走回到会场中央，跟身边的人讨论这个消息。再之后就是会场角落的人涌向会场中央，也想来听听消息是什么。消息传递的过程就像波一样，有起有伏，逐步传递到整个会场。

这个经典的例子讲完了，很贴切、很简短，会场里的人们其实就是希格斯粒子，对应的场就是希格斯场。当费米子、W 玻色子、Z 玻色子来到会场的时候，会与希格斯场发生相互作用，从而使费米子、W 玻色子、Z 玻色子感受到了被拖拽的感觉，观察者看起来就像它们具有了质量一样。用专业一点的术语，就是说这些基本粒子与希格斯场发生相互作用，被希格斯场授予了质量。

其实聚会的例子与电梯金属壁对光子的拖拽，以及下海游泳被海水拖拽，是一个道理。在这些例子中，质量只不过是一个观测值，是一种粒子与场发生相互作用后产生的现象。

2012 年，欧洲核子中心的强子对撞机发现了希格斯粒子的存在。2013 年，希格斯本人被授予了诺贝尔物理学奖。

9.3 铅笔倒向哪儿

在希格斯机制中，还有一个重要的概念，那就是自发对称性破缺。

大自然喜欢对称性，天体是球状对称的，雪花是六边形对称的。物理法则走到 20 世纪中叶的时候，相对论等理论已深入人心，而相对论的哲学思想就起源于观察者在不同参考系下物理法则的对称和统一。物理学家们相信，一切法则应该都是遵循对称性的。

然而，有个特例值得人们深思。

想象一支铅笔，笔尖朝下倒立在桌子上，如图 9-2 所示 。这支倒立的铅笔坚持不了几毫秒，就会随机地往一个方向摔倒在桌面上。当铅笔倒立的时候，其实是符合对称性的，从四面八方哪个方向来看，都满足对称性。当铅笔因为某些极其微小的扰动而倒向一边的时候，这种结果反倒不对称了。铅笔只是选择了某个方向倒下去，这"某个方向"变成了很特殊的方向。

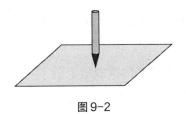

图 9-2

铅笔倒下也许是因为来自某个特定方向的扰动，例如微风、桌面微小的振动等，可物理学家们在研究超导现象的时候，发现无扰动的状态下，也会发生从对称性到非对称性的自发过程，也就是自发对称性破缺。

让我们再看一个经典的例子：

有一群绅士参加宴会，他们围坐成一桌。这时候，服务员端上了茶水，每个人的左手边与右手边都有一杯茶水，服务员放下茶杯就离开了，整个餐桌形成了完全对称的状态，如图9-3所示。

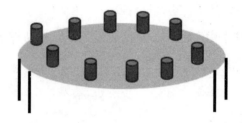

图9-3

绅士们你看看我，我看看你，因为大家根本不知道该拿左手边的茶杯还是右手边的茶杯。如果拿了左手边的茶杯，但实际上大家认为应该是拿右手边的，情况就很尴尬；反过来，如果拿了右手边的茶杯，也是一样的局面。他们是如此的绅士，以至于每个人都不敢贸然拿起茶杯，以避免破坏规矩造成的尴尬。如此一来，这群人将一直呆坐下去。

所有人都不拿茶杯，就是绝对对称的状态，但这样的状态真的好吗？并不好，因为所有人都没有茶喝，茶水会白白冷掉。

一个比对称的状态更加自然的状态，是突然有一位绅士不去猜测所谓的规矩了，他径直拿起了一个茶杯，不管是左手边的茶杯还是右手边的茶杯。那么他拿起茶杯的一刻，对称性被破坏了，但其他所有人都知道该怎么做了，规则被这个首先拿起茶杯的人给建立好了。

这个例子据说是诺贝尔奖获得者南部阳一郎向公众介绍自发性对称破缺时举的。

1956年，杨振宁与李政道发现微观世界的宇称不守恒，彻底打破了科学界关于对称性的信仰。所谓宇称不守恒，简单理解就是微观粒子做镜像变换时，镜像与原像不一样！放到宏观世界，等于是某个人去照镜子，发现镜子里左手和右手互换了！

产生自发对称性破缺的原因，可以理解成对称状态并非"基态"，或者说并非能量最低的状态，比如铅笔倒立在桌面上，虽然是对称的状态，但明显不是一个稳定的状态。这时候，大自然选择向能量最低的状态转化，也就是铅笔平躺在桌面上的状态。从对称状态向非对称（平躺）状态转化的过程中，有可能会有很多条路径可以选，比如铅笔向东倒，或者向西倒，并没有什么区别，但是大自然就是会随机地选择一条路径，这就是自发对称性破缺。

物理学家界定能量最低状态的方法，就是计算系统的拉氏量，这在第 8 章已经介绍过了，也就是所谓的最小作用量。上面那段话的意思，就是系统的对称状态并不是拉氏量最小的状态，此时系统倾向于转换成拉氏量最小的状态，从而导致对称性破缺，如图 9-4 所示。

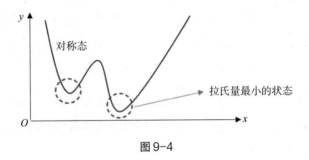

图 9-4

好了，现在该再一次谈希格斯机制了。

在 8.4.1 节，我们知道了杨振宁创立规范场论的方法，就是增加一个 $A(x)$ 函数，使波函数方程满足局域变换不变性，这个 $A(x)$ 函数就是规范场，电磁相互作用中的 A 就是电磁场，对应的粒子就是光子。

在增加规范场后，波函数方程符合规范不变性了，但物理学家们习惯性地对 $A(x)$ 计算拉氏量时，发现规范场不可以有质量。对于电磁场来说这一点没问题，该规范场粒子——光子没有质量。但强弱相互作用是限定在原子核内的作用力，力程非常短，这意味着传递力的粒子必须是有质量的，而且质量还得非常大。这一通计算后，规范场论只能束之高阁了。

但在 20 世纪 60 年代，事情出现了转机，希格斯等物理学家提出了希格斯机制，他在 $A(x)$ 函数之外又增加了一个新的标量场，而且新的标量场真空值不为零，结果发现在局域规范变化下，最小耦合使标量场产生出了规范场 A 的质量。也就是说，希格斯机制允许强弱相互作用力的传递粒子拥有质量。实际上，用专业术语说，就是：

希格斯机制促使强弱相互作用产生自发对称性破缺，从而赋予费米子、W 玻色子、Z 玻色子以质量。

上面这句话中，"希格斯机制促使强弱相互作用产生自发对称性破缺"可以粗略地理解为希格斯场创造了一个能量更低的基态，从而让原本对称的状态向基态转变，这种转变过程会发生相互作用（类似于电梯金属壁对光子的拖拽），从而使费米子等基本粒子有了质量（观测到了质量）。

于是，规范场论的理论瑕疵就被希格斯机制弥补了，这也使规范场论重新回到舞台中央。

到了 20 世纪 70 年代以后，随着粒子加速器技术的不断提升，W 玻色子、Z 玻色子等诸多粒子在实验中被发现，规范场论可谓所向披靡，成为 20 世纪后半叶最辉煌的理论。

到了 2013 年，希格斯玻色子被发现，从而为规范场论、希格斯机制、粒子物理的辉煌成就画上完美的句号。当然，句号之后还有新的段落，这是后世粒子学家们努力的方向。

9.4 弥漫的"以太"

声音在空气中可以传播，到真空里就没法传播了。宇航员站在月球上是没办法隔空对话的，因为那里没有空气。水波需要在水面传播，即水波也需要传播的介质。19 世纪人们知道了光属于一种波，既然是波，那就应该有传播介质吧？于是科学家们想象出一种叫作"以太"的传播介质，以太弥漫在全宇宙中，这样光就可以在宇宙中任意穿行了。

我们的地球会公转，因此地球相对于宇宙中弥漫的以太具有相对运动。按照当时科学家们的设想，顺着地球公转方向的光会运动得慢，因为以太"拖拽"了光的运动；相反，逆着地球公转方向的光会运动得快，因为以太"推动"了光的运动。这个道理就如同顺风奔跑必然快于逆风奔跑。为了印证以太的存在，20世纪初迈克尔逊、莫雷做了著名的实验，他们想尽一切办法提高实验精度，但最终的结果令人失望，并没有检测出所谓的以太。

就在人们搞不清楚什么地方出了问题的时候，爱因斯坦站了出来，他提出了光速的不变性原理，否定了以太的存在，并且重新建立了一套时空体系。自此，以太的概念常常被用来衬托狭义相对论的伟大。

到今天为止，狭义相对论仍然是正确的理论，以太的确不存在，光子的确不需要这样的介质来传播。但是整个宇宙中，却弥漫着其他的"东西"，比如宇宙学家研究的暗能量，再比如希格斯场。实际上，希格斯场就是弥漫整个宇宙的一种场，希格斯玻色子也是散布全宇宙的一种粒子，这种场为质量的创生提供了机制，它们会与所有的费米子、W 玻色子、Z 玻色子发生相互作用。某种意义上，以太仿佛是变了个身份又回来了。

暗能量究竟是什么现在还不得而知，弥漫全宇宙的希格斯场也是看不见摸不着的，科学家们只能通过发现希格斯粒子才知道这种场的存在，但这种场本身是不可感知的。除了暗能量与希格斯场，会不会有其他的弥漫全宇宙的场，现在还不得而知。但可以明确的是，就算是漆黑一片的宇宙深空，也并非一无所有。

9.5　现实幻象

对于我们在日常生活中看到的那些熟知的物理参数，质量这个参数无疑是非常重要的。质量是构成客观实在论的哲学基础。

不过希格斯机制似乎在告诉人们，质量在某种意义上只是个观测量，是反映粒子与希格斯场相互作用的结果。如果这种相互作用比较强烈，类似于主人游走于会场那种情形，那么获得的质量就比较大；如果相互作用一般，类似于普通嘉宾在会场中的待遇，那么获得的质量就一般；如果没有相互作用，类似于服务生，大家不会主动跟服务生攀谈，那么这种情况下就不会获得质量。

当汤姆逊对质量的概念做了一番深入了解后，他把希格斯机制告诉了索菲亚，由此证明体重、质量都是虚幻的概念，以后该吃吃、该喝喝，没有必要纠结于体重。80 千克也不算太重，90 千克也能接受！汤姆逊本以为自己的见解无比正确，索菲亚肯定没法反驳了。但索菲亚认为，就算质量只用来反映物质与希格斯场相互作用的强度，她也宁愿不受束缚或者少受束缚，就像光子那样自由穿行多自在。从这个学期开始，两人每晚要长跑五千米，绕着校园跑圈。汤姆逊拗不过索菲亚，终于开始执行体重控制计划了。

和欧拉一起听宇宙交响乐……

第10章

跃动的弦

学校图书馆后面有一片巨大的草坪，每年春天，青草会散发出芬芳的香味，在风的吹拂下微微晃动。同学们看书看闷了，就很愿意来到草坪上坐一会儿，三三两两、有说有笑。汤姆逊与索菲亚也喜欢到草坪上坐着聊天，聊累了就躺下来看看蓝天和白云，畅想美好的未来。

"帮我扎下头发可以吗？"索菲亚递了一根橡皮筋给汤姆逊。

"我可不会，我觉得扎头发这件事，比读书可难多了。"汤姆逊赶紧摇摇头，生怕自己弄得不好，还会惹索菲亚生气。

"就试试吧，扎不好也不会怪你。"索菲亚继续央求。

"好吧好吧。"汤姆逊终于同意了。

汤姆逊看着手里的橡皮筋突然出神了，然后说："索菲亚，我觉得橡皮筋是这个世界上最特别的东西。"

"为什么呢？"

"如果不碰它，它就松松垮垮的，如果一拉它，它就绷得紧紧的。橡皮筋的特性，像极了夸克。"

如果别的女孩听到汤姆逊这一番话，都不知道该说些什么了，但索菲亚早已经习惯了。她捂着嘴笑了笑，说道："我的大科学家，好了好了，可以开始扎头发了。"

夸克类似于橡皮筋的特性，引发了一个全新理论的登场。

10.1　无穷大困局与夸克禁闭

20 世纪 50 年代，实验科学已经基本打破了粒子是实体小颗粒的观念，人们知道原子、原子核都不是实体小球，基本粒子被普遍当成点粒子，它们的半径是零。基本粒子之间的相互作用往往遵循平方反比定律，也就是作用力与距离的平方成反比关系，距离越远，作用力越小。如果计算某个粒子产生的场对自身的影响，那么半径为零意味着分母为零，计算结果必然发散，也就是无穷大，这让科学家头痛不已。

假如基本粒子有半径呢？

　　那问题就更大了，在其半径范围内的力场都需要考虑在内，不仅计算极其复杂，还会带来超光速结果，违背了狭义相对论。于是，科学家们只能继续接受点粒子的假设，并且设定了一种"截断能量"，承认现有理论仅适用于能量较低的状态，这样的好处是计算结果终于不再发散了，而是一个有限值。这种理论框架可以非常精确地计算出粒子磁矩等指标，并且与实验结果高度吻合。科学家将上述近似的方法称为重整化。

　　重整化的方法能够使理论计算与实验结果相符，但毕竟只是现实的近似，而非终极理论。当深入到普朗克尺度范围时，能量将远远超过"截断能量"，尺度也将缩小到 10^{-35} 米的水平，此时，传统的量子场论彻底失效。

　　在理论科学走进死胡同时，实验科学也发现了不可思议的现象。通常来说，基本粒子（如光子、电子、W 粒子、Z 粒子）都可以单独观测，夸克作为构成物质的基本粒子，应该也没有什么特殊之处。但经过多次尝试后发现，夸克无法被单独分离出来，它们似乎永远"抱团取暖"，多个夸克捆绑在一起，共同组成电中性的中子或者整数电荷的质子。不仅电荷数量必须为整数，而且夸克组成的物质始终保持了色中性。

　　实际上，将夸克凝聚在一起的强相互作用力拥有渐进自由的特点。当三个夸克在强子内部的时候，或者说离得很近的时候，就如自由粒子一般相处融洽。当有外力想拉开这三个夸克的时候，就会产生非常强烈的向内拉紧的作用力与之相抗。

　　曾经有科学家想强行分离出裸夸克，结果非常神奇的事情发生了：被分离的夸克在即将脱离强相互作用力的那一刻，从虚空中拽出了反夸克与胶子，从而重新形成了两个色中性的体系，也就是说仍然没能分离出单独的裸夸克。

　　从虚空中拽出反夸克的过程，实际上是强相互作用力的势能按照质能方程，转化成物质形态（反夸克），从而避免色荷单独暴露。但是，这个过程的真正惊人之处，在于夸克有自己的复杂形态，反夸克也有自己的复杂形态，凭空就能造成一个反夸克与夸克配对，这种虚空造物的能力简直难以置信！

　　对于裸夸克不肯露面这件事，科学家们称为**"夸克禁闭"**。

　　夸克之间的相互作用像极了橡皮筋。如果将橡皮筋放置在桌面上不动它，那么它是松弛的。一旦把橡皮筋拉伸，它就会有很强的紧绷感，而如果拉的力量太大，则橡皮筋会被扯断，一分为二，变成两根橡皮筋。

量子场论由此遭遇了困局，迫切需要一种新理论来给出新的计算方法，需要一种能够适用截断能量的新理论。夸克禁闭现象则推动科学家们思考，是否夸克这样的基本粒子真会有类似于橡皮筋的形态。橡皮筋这种说法太过通俗，或许应该取名为弦。

10.2　跃动的琴弦

10.2.1　从欧拉说起

法国数学家欧拉一生有无数以他名字命名的定理、公式、函数，其中一个重要的函数是 β 函数。该函数是说对于任意实数 P、$Q > 0$：

$$B(P, Q) = \int_0^1 x^{P-1}(1-x)^{Q-1}dx$$

函数有一个重要的属性：对称性，也就是 $B(P, Q) = B(Q, P)$。另外，β 函数可以用 Γ 函数构造，两者之间的关系是：

$$B(P, Q) = \frac{\Gamma(P)\Gamma(Q)}{\Gamma(P+Q)}$$

Γ 函数是欧拉 22 岁的时候，在解决哥德巴赫数列通项公式时用到的函数。

1968 年，日本物理学家铃木真彦在查阅数学书籍的时候，偶然发现了 β 函数，她惊讶地发现 β 函数几乎可以满足基本粒子强相互作用所需的所有性质。这个神秘的联系让铃木真彦兴奋了许久。然而，当时其实已经有另一名意大利物理学家韦内齐亚诺独立采用 β 函数建立了韦内齐亚诺模型：

$$A(s, t) = \frac{\Gamma\left[-a(s))\Gamma(-a(t)\right]}{\Gamma\left[-a(s)-a(t)\right]}$$

观察韦内齐亚诺模型，会发现它真的是跟 β 函数一模一样！

韦内齐亚诺模型将 β 函数解释为散射振幅，由此可以描述介子强相互作用的许多现象。1970 年，南部阳一郎、Holger Bech Nielsen、Leonard Susskind 等人指出，韦内齐亚诺模型实际上是将强相互作用力当成一根振动着的弦（某种特定的空间延伸量）。从此，"弦"这个名词登上了物理历史舞台。

10.2.2　宇宙交响乐

乐器利用琴弦的振动发出美妙的声音。例如，吉他将有弹性的弦固定在木板两端，使得弦的长度固定，当手指拨动琴弦时，就能发出固定频率的音符了。将长度不同的弦组合起来，就能演奏出变化万千的乐曲。古往今来，人类创造了不可计数的乐曲，有的令人哀伤，有的使人激昂；有的宁静，有的欢快；有的仿佛万马奔腾，有的又像小桥流水……一把琴就能演绎出万千世界，不得不令人叹服。

在弦理论中，不同的能量、温度、时空环境等使弦拥有不同的振动模式，迥异的振动模式又对应不同的粒子。弦的振动越剧烈，粒子的能量越大，意味着质量越大；相反，弦的振动越轻柔，粒子的能量越小，其质量越小。

目前已知的 61 种基本粒子，没有一种粒子被人类亲眼看到过。在不确定性原理的作用下，基本粒子绝对不会静止在空间某处等待人类观察它的样貌。人们说某种粒子是电子，某种粒子是中微子，其实都是通过实验的方法测定粒子的电荷、角动量、自旋这些属性，并由此认定粒子的归属。在弦理论中，不同的粒子不存在形态方面的差别，只不过是弦采用了不同的振动模式，从而呈现出不同的电荷、质量等属性，进而被科学家当成特定的粒子。万事万物归结于弦的振动，使得纷繁复杂的世界最终归于简洁。

弦组成的宇宙并非一曲短暂的交响乐，事实上，这是一场长达 138 亿年的演奏，自宇宙诞生之初，巨大的能量形成的弦结构就支配了一切。那时候温度极高，弦的振动极其剧烈，我们的宇宙就好像是一锅沸腾的汤。此后经过漫长的演化，弦的振动才逐渐缓慢，越来越多的稳定物质结构纷纷出现，最终呈现出今天的世界。

10.2.3　弦的结构

经典物理学将粒子看成点状物，用 (t, x, y, z) 坐标描述粒子的时空位置。而弦理论将基本粒子（比夸克微小得多）视作一维的弦，并且用 (σ, τ) 坐标来描述它们，其中 σ 为空间坐标，τ 为时间坐标。当弦振动时，会在时空中扫过一片二维的曲面，称为世界面。在经典物理学中，粒子是沿作用量最小的世界线运动的；而弦则是沿作用量最小的世界面运动的。在南部阳一郎等人设想的弦图景中，一段弦在时空中运动的轨迹是一个二维曲面，如图 10-1 所示。

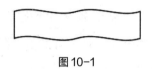

图 10-1

一段封闭成圆圈形状的弦在时空中运动的轨迹类似于橡皮水管，如图 10-2 所示。

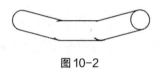

图 10-2

如果两段弦在时空中相遇，之后又分开，那么图景应该如图 10-3 所示。

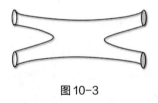

图 10-3

这些图景用数学式来表达，就得用上 β 函数。

由于弦理论的基础是波动模型而非粒子模型，因此可以避免经典理论中的一些困局。例如，按照经典理论，当粒子极度接近时，引力会增加至无穷大（引力反比于距离的平方），但波动模型将不会涉及这样的问题。又如，物理学两大理论——广义相对论与量子理论存在不可调和之处。广义相对论建立在微分流形的基础之上，对应的时空是平滑的；但量子理论在微观层面存在剧烈的量子涨落，这意味着两个理论不会同时正确，至少是不完备的。如果有了弦结构，则连续性和量子属性有望共存。

10.2.4　弦的相互作用

经典物理学存在一个致命的问题，那就是超光速作用。

我们日常生活中观察到的现象往往是瞬时发生的，比如电磁线圈周围出现一个电子，那么电子会在瞬间被磁场影响；想象太空中突然漂浮一艘宇宙飞船，那么飞船必然在瞬间被附近的星球吸引而发生下坠。四种基本作用都不存在"延迟效应"，即作用力都是在瞬间出现的，这意味着传递作用力的玻色子（即光子、W 粒子、Z 粒子、胶子，见第 7 章）是以超越光速的速度运动的，实际上违背了狭义相对论。

弦理论认为构成物质的基础是振动的弦，弦与弦之间通过"拼接""断开"的方式相互作用，这些动作瞬间发生完全可以理解。无数的弦都以这样的瞬时作用不断延展，最终的结果就是导致了物质相互作用的瞬间发生，顺利地避开了超光速作用。

10.2.5　弦理论带来的新视角

接受了弦理论的基本思想后，会发现很多问题迎刃而解。

如波粒二象性现象，粒子具有波动属性这一点十分自然，本来就是振动的弦，当然具有波动性。

又如，虽然实验器材越来越先进，但人们始终无法找到构成物质的实体。每发现一种基础结构后，又会进一步发现更加细微的结构，似乎物质结构并没有所谓的实体。如果干脆一步到位，将粒子认定为零半径的点粒子，又会带来计算结果无穷大的问题。弦理论很好地解决了实体与零半径的两难问题。

再如，量子力学中发挥主要作用的电磁力、弱相互作用力、强相互作用力均具有传播力的中间玻色子，分别是光子、W 粒子、Z 粒子及胶子。当来到普朗克尺度时，引力与其他作用力的强度是差不多的，但传统理论并没有给出引力子。弦理论的计算结果恰恰允许了引力子的存在，这样就实现了四种力的统一。

再如，按照传统理论，夸克禁闭现象实际上非常难以理解。在尝试制造裸夸克的实验中，夸克能够从虚空中拽出反夸克从而掩饰自身的色荷。可是虚空中哪儿有反夸克的原材料？哪儿有所谓的极为特别的材质？根本没有，唯一的可能性就是夸克之间的强相互作用力释放出能量，使得周围时空被扭曲，这种时空扭曲在人类的实验室中观测到的结果，就是反夸克的生成！

在广义相对论中，大质量天体可以对周围时空产生扭曲作用，但引力作用实在是太微弱了，在太阳、地球这样的天体周围，时空弯曲效果并不显著，时空大体上还是平直的，弯曲度很小。

强相互作用力比引力作用强 10^{38} 倍。强相互作用力转化为时空的扭曲，在单位元体积内产生的扭曲作用一定比引力要强大得多，这样就能形成反夸克的扭曲结构了。而且这种扭曲结构有可能不限于三维空间与一维时间，有可能造成更高维空间的扭曲。

在解释夸克禁闭实验上，再没有什么理论比弦理论更具有说服力了。

10.3　向高维进发

我们身处三维空间中，拥有长、宽、高三个维度，再加上一维时间，一共是四维时空。

时间这个维度很好理解。昨天的汤姆逊与明天的汤姆逊状态是不一样的，他的时间线不停向后流逝。根据相对论及热力学第二定律，时间无法倒流，也就是时间这个维度是单向的；空间的三个维度也很清晰，身处我们这个世界的物体拥有三个自由度，比如汤姆逊可以在校园广场上自由散步，改变东西、南北两个方向上的位置；如果汤姆逊乘坐电梯去到八楼，虽然方位没有改变，但高度发生了变化。

在相当长的时间里，人们对维度的研究停留在四维时空，但弦理论的出现打破了维度的限制。

10.3.1　光子质量不为零

根据狭义相对论原理，光子的静止质量为零。实际上，任何有质量的物体都无法达到光速，最多只能接近光速，这是由于狭义相对论的尺缩效应表明，有质量的物体运动速度趋于光速时，其质量相对于观察者而言将无穷大。显然，在现实世界中质量无穷大是做不到的，由此推导出光子的静止质量为零。

弦理论的提出者之一南部阳一郎发现，按照三维空间假设计算的光子静止质量居然不为零，这说明一定是哪里出了问题。后来他发现，如果弦的振动空间不是三维而是更多维度，就可以得出光子静止质量不为零的结论，从而与相对论相符。

这个计算过程非常简单。

光子同样是由弦构成的，光子的质量取决于弦的最低能量与振动能量之和：

光子的质量∝弦的最低能量 + 弦的振动能量

假如量子振动能量为 1，那么引发弦振动的量子激发能量应当为两倍的量子振动能量，所以上述公式中，弦的振动能量等于 2。

弦的最低能量是弦停止振动时的能量。但由于量子涨落效应，即便停止振动也仍然有能量，这种量子涨落能量的大小与频率成正比，频率又取决于弦的节点数量，如图 10-4 所示。弦在空间中的振动，既可以是一个节点，又可以是两个、三个、四个直至无穷多个节点。节点数量越多，振动频率越高。在计算的时候，需要将所有可能性相加，也就是 1+2+3+…

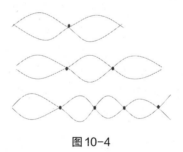

图 10-4

对于三维空间，弦可以在东西、南北、上下三个方向振动。如果是高维空间，那么弦振动的方向数就是空间的维度数，取字母 D。与此同时，考虑到光子在传播方向上没有振动，因此还需要减 1，也就是 $D-1$。振动的维度数量，乘以上述可能性之和，就能得到弦的最低能量。

因此有：

光子的质量∝ $(1+2+3+\cdots)\times(D-1)+2$

欧拉很早就给出了全体自然数之和的计算结果，也就是 1+2+3+… 等

于 -1/12，该结果是无穷级数强制收敛（正则化）导致的。在物理学中，也经常会用到正则化的方法，早期弦论就用到了上述结论，进而推导出 D=25，再加上一维时间，那么时空数量总共是 26 维，这就是弦理论最初提出的时空维度数。

在此之后，弦理论科学家提出了超弦理论，将原先的理论向前推进了一大步，解决了理论发展过程中遇到的问题。超弦理论认为弦除了在普通空间振动，还会在超空间中格拉斯曼数坐标的方向上振动。普通空间的振动形成玻色子（不需要满足泡利不相容原理，同一状态的玻色子可以无限叠加），超空间中的振动形成费米子（满足泡利不相容原理）。

超弦理论经过重新计算，得出空间的维度是九维，再加上一维时间一共是 10 维时空。人类通常只能感受到其中的三维空间，剩余六维空间以卡拉比－丘空间的形式蜷缩在极度微小的空间中，在下一节中将会详细介绍。

弦理论显然不同于传统科学，其每一个结论都是经过严格推导的。虽然经过多年的发展，时空的准确维度数尚无定论，其他有影响力的理论学家还提出过11 维时空或者其他数量的维度，但如果量子力学、相对论、规范场论都是正确的，那么时空维度超过四似乎没有什么值得质疑的。

10.3.2 从零维到 11 维

零维是一个点，没有长度、宽度、高度，用放大镜放大无穷倍也仍然是个点。用笔在纸上画一个小小的黑点，一般就可以代表零维的事物，如图 10-5 所示。

●

图 10-5

一维是一根没有宽度的线，如图 10-6 所示。

──────────────▶

图 10-6

最经典的一维事物就是时间，我们只能讨论时间向前或者向后的方向，时间的方向就代表一个自由度。除此之外，没有更多的自由度可以讨论。

二维是没有厚度的平面，如图 10-7 所示。

图 10-7

在二维平面上有两个自由度，可以人为想象存在 x 轴和 y 轴，二维平面上的事物及其所处的位置，可以用 $P(x, y)$ 这样的函数进行描绘。图 10-7 反映的是平直空间的平面，如果在非欧几何框架下，还可以是球面、双曲面或者其他的几何平面。

三维拥有三个自由度，这也是人们熟悉的三维世界，如图 10-8 所示。

图 10-8

三维平面上的事物及其所处的位置，可以用 $P(x, y, z)$ 这样的函数进行描绘，相比二维平面，三维世界要多出一个自由度，也丰富精彩得多。

四维空间的想象如图 10-9 所示。

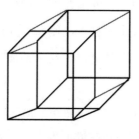

图 10-9

这仅仅是一个想象出来的图景，而非真实可以找到的图景。由于一维的直线可以投影成零维的点；二维的平面可以投影成一维的线段；三维的球体可以投影成二维的圆形；所以，四维空间的物体理论上可以在三维空间投影成立方体。

纯粹从想象的角度来说，五维以上的空间也可以用可视化的方法表示，无非是增加很多顶点、棱和面。但这种想象出来的事物是三维空间的人无法用肉眼看到的。

在数学家眼中，不管是四维还是 n 维空间都是很简单的一件事，只需要在参数里多一些坐标就行，写成 $P(x_1, x_2, x_3, x_4, \cdots, x_n)$。在描绘事物及其所处位置的时候，$x_i$（$i>3$）也是一个自由度，可以呈现不同的值。例如，A 粒子处在 $P(1, 1, 1, 1)$ 与 B 粒子处在 $P(1, 1, 1, 2)$，对于数学家而言，这两个粒子并没有重叠，它们的位置是不同的。

对于超过三维的维度，弦理论的解读是维度蜷缩了。本来宇宙是有 11 个维度的，但大爆炸之后，其中七个维度蜷缩了起来（另有一维是时间），三维世界不再能够观测到这些蜷缩的维度了。

想象一根水管，如图 10-10 所示。近距离观察的时候，水管很明显是三维的，既有长度又有宽度和厚度。然而站在一千米外看这个水管，就只剩一维了，也就是说另外两个维度蜷缩了。基本粒子的情况也是这样的，当我们观测这些基本粒子的时候，它们只有三个维度，但是走近了看，才会发现每个维度仍然还有不少于两个自由度，再加上时间那一维，一共是 11 个维度。

图 10-10

汤姆逊把弦理论作为课外知识来学习，毕竟弦理论需要涉及的数学知识比较多，也不是一时半会儿就可以完全弄清楚的。但关于蜷缩的维度，汤姆逊自己有不同的解读。这种"蜷缩"并不是技术的问题，无论用放大镜放大多少倍，在我们这个三维世界也无法看到剩余的七维，这不是离得近与离得远的问题，而是蜷缩的七维并不在我们这个宇宙中。

考察一张纸上的原点，如图 10-11 所示。观察者认为纸上的二维原点是静止不动的，但如果跳离二维纸面来到三维世界，就会发现这个原点是一根线穿过纸面的效果。类似地，当人们观测到粒子在某个维度静止不动（量子不确定性否定了这种可能性，这里只是为了方便讨论）时，其实在看不见的维度上，粒子仍然具有自由度，每个自由度的位置和状态最终会决定三维世界里的观测结果。

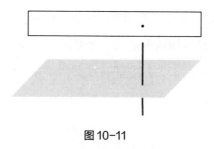

图 10-11

初读蜷缩空间的概念，汤姆逊感到很不解，也觉得这些蜷缩的空间可能仅仅是科学家想象出来的。然而，无比强大的强作用力，虚空中拽出来的反夸克，以及夸克复杂的属性，让汤姆逊感觉到，粒子的结构可能真的不是三维那么简单。要知道，强相互作用力的强度是引力的 10^{38} 倍，引力的作用已经可以导致三维时空弯曲了，那么强作用力在极小的范围内实现高维度空间的弯曲，也并不是不可能发生的事。从这个角度来说，11 维空间或许并非天方夜谭。

10.3.3　卡拉比 – 丘空间

1954 年，意大利几何学家卡拉比在国际数学家大会上提出了著名的卡拉比猜想。猜想原文涉及复杂的代数几何表述，理解起来难度较大。我国著名数学家丘成桐成功证明了卡拉比猜想，也因此获得了菲尔兹奖。丘成桐在其科普书籍《大宇之形》中给出了卡拉比猜想的通俗含义，大意是：紧致的（范围有限的）某种空间中，如果满足特定的拓扑条件，是否同样也能满足具备里奇平坦（里奇张量为 0）的几何条件？

卡拉比猜想如果成立，就表明在封闭的空间中，存在没有物质分布的引力场。同时，卡拉比猜想预言存在一类紧缩的空间结构。

卡拉比猜想本身的证明难度非常大，需要求解很困难的偏微分方程，而且卡拉比本人都认为这个命题可能是错误的。

卡拉比猜想提出的时候，丘成桐才 21 岁，这位年轻的天才数学家是陈省身的学生，对几何极感兴趣，也极具天赋。丘成桐用了四年时间，证明了卡拉比猜想是正确的，从而使猜想升级为卡拉比 – 丘定理。卡拉比 – 丘定理对应的空间被称为卡拉比 – 丘空间，简称卡 – 丘空间。

卡 - 丘空间在三维空间观察者看来，像一个随意捏出来的纸团，如图 10-12 所示。如果有人在卡 - 丘空间内向前扔一个纸团，纸团会从这个人身后又飞出来并砸到他脑后。也就是说，卡 - 丘空间有点类似于克莱因瓶，或者莫比乌斯带，绕一大圈后会回到起点。

图 10-12

卡 - 丘空间最大的特点是具有"紧缩"属性，这对于弦理论学家来说至关重要，弦理论所探讨的蜷缩的维度，就可以在卡 - 丘空间中展开。

1984 年左右，普林斯顿高等研究所的物理学家史聪闵格找到丘成桐，和他探讨了卡 - 丘空间与弦理论之间的联系。作为数学大师的丘成桐说，他研究卡 - 丘空间仅仅是因为这个空间的结构足够优美。两人在促膝长谈之后，实现了数学与物理学再一次的完美结合。根据史聪闵格的说法：**超对称性连接物理和绕异性，而绕异性则是跨越到卡 - 丘空间的桥梁**。在 20 世纪 80 年代，弦理论重要的特点是具有超对称性，这种超对称性不同于球体对称的概念，而是具有更宽广的含义。至于绕异性，简单理解就是在某个空间结构中转了一圈后，起始点与结束点的差异就是绕异性。

史聪闵格的话点出了卡 - 丘空间与弦理论之间重要的关联：一方面，卡 - 丘空间是满足超对称性要求的；另一方面，在卡 - 丘空间中转上一圈回到原点的时候，矢量会发生变化或者说出现差异。这两点都是弦理论家所喜爱的特点。

史聪闵格随后回到普林斯顿拜访威滕，当时威滕也已经独立形成了大致相同的想法，于是威滕、史聪闵格等四人于 1984 年正式发表了论文，并在论文中提到了卡 - 丘空间，物理学界自此开始熟知卡拉比与丘成桐等人的工作，也使得物理学再度拥抱数学，这次是拥抱了代数几何。

让我们看一下卡－丘空间是如何与物理世界挂上钩的。

一种说法是那些蜷缩的维度（M 理论发表之前，科学家们普遍认为宇宙有 10 维空间，其中六维蜷缩了）布满了卡－丘空间，弦在卡－丘空间之间缠绕出各种流形（微分几何的概念，主要特点是处处可微），这些弦会一次或多次穿绕卡－丘空间中的那些洞。弦的长度与张力（或称线性能量密度）的乘积与粒子的质量相关，弦的振动与粒子的能量相关。另外，还可以讨论一些其他属性，而且讨论的自由度与蜷缩的维度有关，蜷缩的维度越高，自由度越高。当把所有的弦的物理状态、振动状态列成一张表格，并且与现实的粒子进行比对时，就可以得到弦的物理状态、振动状态与最终生成的粒子之间的关系。只要这类关系与实际观测不发生冲突和矛盾，那么理论就是自洽的。

另一种说法是以波粒二象性为核心，讨论时空的几何结构如何影响粒子对应的波的状态，进而找到空间结构与粒子形态之间的关系。在丘成桐所著的《大宇之形》中举了一个例子，就是想象海洋表面的波浪，对于某些浅窄的海湾，海底的地形状况将影响到海面的波浪的形态，如图 10-13 所示。靠岸的浅水区也能够形成巨浪，很大程度上是由海底的地形造成的。同样的道理，卡－丘空间作为背景空间，其几何结构也会影响粒子的波形态。

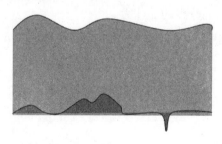

图 10-13

想要透彻地研究卡－丘空间与现实世界的关系，需要相当高的数学技巧与深厚的粒子物理功底，对于本科生汤姆逊而言，现阶段有意识地做一些了解即可，等到硕士生甚至博士生阶段，再回过头来研究也不迟。

10.4 上下求索

弦理论的数学基础是复杂的微分几何，物理基础是量子力学、相对论、规范场论等，其目标是成为本宇宙的终极理论。汤姆逊还只是一名大学生，他对弦理论尚处在初期了解阶段。实际上，今天的弦理论有点类似于 20 世纪初的相对论，真正明白的人少之又少，而想研究透则需要艰深的数学与物理知识。仅仅从了解的角度出发，汤姆逊拜读了弦理论创设以来短短 40 年的历史，感叹这门科学发展过程的曲折。

10.4.1 概念的提出

1968 年，年仅 26 岁的意大利物理学家韦内齐亚诺刚刚博士毕业，他在研究 π 介子间碰撞的散射振幅时，意外地想起了 200 年前的欧拉 β 函数。当时还名不见经传的韦内齐亚诺将自己的发现写在了纸巾上，这件事如今被视为现代弦理论的萌芽。

此后的 1969 年，芝加哥大学的南部阳一郎（2008 年诺贝尔物理学奖获得者）等人提出，韦内齐亚诺模型意味着构成宇宙基础结构的不是微粒，而是振动的弦。这些弦由两个反方向的作用力保持微妙的平衡：一个是使弦的两端拉近的张力；另一个是使弦两端分离的加速力。

弦的提法让人们眼前一亮，在 20 世纪 60 年代末、70 年代初引发了学术界热烈的探讨。

10.4.2 陷入低谷

在 20 世纪 70 年代初，弦理论吸引了大量物理学家的注意，许多人意识到这里面可能蕴藏着终极理论的金矿。基于韦内齐亚诺最初的模型，人们开始进行探索式的计算和诠释。

最初的弦理论对应的时空维数达到了 26 维，这令人们感到十分疑惑。

与此同时，美国物理学家施瓦茨（1988 年诺贝尔物理学奖获得者）经过计算，发现处于基态（也就是最低能量态，除此之外都叫激发态）的弦具有虚质量

（其平方为负值），这意味着对应的粒子速度比零质量的光子还快。根据狭义相对论，世界上不存在超光速的粒子，所以这种结论是匪夷所思的。

更为重要的是，弦理论主要研究普朗克尺度下的物质结构，这让实验科学无从下手，因此弦理论所提出的观点根本无法验证。

在弦理论"蹒跚学步"的时候，另一个用以描述强相互作用力的理论——量子色动力学（QCD）大获成功，其理论预言的夸克的存在在实验室中被证实，从而在众多理论中脱颖而出，成为公认的解释强相互作用力的理论。因此，弦理论还没有火多久，就陷入了低谷。

10.4.3　第一次革命

施瓦茨作为早期弦理论的开拓者之一，同时也是"超对称理论"的提出者，他尝试将"超对称"概念融入弦理论当中。

所谓超对称理论，是认为每一种基本粒子都存在超对称伙伴，每个粒子都应该有自己的超伴子，费米子有它的玻色伴子，玻色子有它的费米伴子，这意味着基本粒子的数量会翻倍。超对称理论在解决标准模型的等级问题，以及大统一理论的耦合常数问题时，是一个很好的理论。但令人沮丧的是，这个理论提出至今近 50 年了，实验室都没能找到所谓的超伴子。欧洲大型强子对撞机 LHC 于 2015 年最后一次启动了寻找超伴子的任务，但依然一无所获。

1980 年，施瓦茨和格林合作，将弦理论与超对称理论统一，提出了"超弦理论"。他们发现，弦理论的模型中会出现质量为零且自旋为 2 的粒子。要知道，中间玻色子的自旋一般是正整数，其中光子的质量为零，自旋为 1，其他中间玻色子的质量不为零。这个质量为零，自旋为 2 的粒子有可能是引力子的候选者。

此前，弦理论、超对称理论都是用来描述强相互作用力的，弦理论在描述强作用力的时候总是与实验结果不符，而且会出现无穷大的情况。但引力子的偶然出现，使他们发现超弦理论似乎可以用来描述引力，而且描述引力的时候不会出现无穷大。

现代物理学的两大基石——广义相对论与量子力学，一个描述宏观现象，一个描述微观领域，两者总是无法统一。超弦理论的出现，似乎正好可以从微观角度出发来描述宏观角度的引力，这是理论物理学家们求之不得的。

超弦理论相比弦理论还有两个重要的进步：

（1）早期弦理论发端于夸克禁闭，主要解释渐进自由现象，唯有用振动的弦最能解释夸克之间的连接效果。也就是说，早期弦理论主要描述强相互作用力的传递使者——中间玻色子，把这种中间玻色子想象为一根振动的弦。而超弦理论将费米子也纳入了理论框架，从而可以描述几乎所有的粒子。

（2）早期理论对应的时空维度是 26 维，大概连弦理论创始人自己都觉得维度太高了，更不要说公众听到这种想法的反应了——痴人说梦。超弦理论将维度从 26 维下降至 10 维，这样做的好处是数学复杂度大大降低。

1984 年，施瓦茨和格林将理论做了升级，新版理论服从 SO(32) 对称，可以消除畸变和无穷大的情形，并且从 10 维弦的不同振动模式得出各种粒子。我们在了解规范场论时已经知道了 U(1)、SU(2)，所谓 SO(32) 就是更高维度的群，而且这种群是阿贝尔群（可交换群）。

把群论加入弦理论中就好办了，对于根本无法处理的复杂现象，可以找它的同构群来进行分析，换言之，只需要在数学上找到最简单的 SO(32) 进行分析，就可以将有用的结论推广到弦的物理表现中了。

至此，超弦理论从观念上与传统的粒子理论形成了天然的区别。

在粒子家族中我们看到，轻子、夸克、中间玻色子多达 61 种，原本科学家们梦寐以求的是探索大自然最简洁、最深刻的规律，但实验室里蹦跶出来的基本粒子种类越来越多，描述这些粒子的参数也越来越复杂，比如自旋、同位旋、电荷、色荷、静止质量、角动量等。如果用一个表来描绘基本粒子，这个表将比元素周期表还复杂得多。注意，这里说的是基本粒子，可见"基本"二字有点名不副实。

超弦理论则从完全不同的角度诠释世界，科学家们用弦的振动模式的不同来描绘各种基本粒子，相当于以更深刻的视角来窥视宇宙的本源。

我们知道，用不超过七个音符和几个音调就可以演奏出成千上万首美妙的乐曲，每首曲子都有自己的风格，每首曲子都与不同的心境相匹配，使人们达到情感上的共鸣。万千首乐曲，仅仅是通过简单的音符与音调的组合产生的。从哲学分析的角度来看，大自然或许也不例外，看似复杂的万千世界，恐怕只是由一根根振动的弦组成的。

超弦理论的提出使弦理论再次走向舞台中心，这是一个有望统一四种作用力，并统一相对论与量子理论的终极理论，一大群青年才俊加入了超弦理论的研究队列，多种理论模型也应运而生。

1985 年，格罗斯（2004 年诺贝尔物理学奖获得者）与哈维、马提尼克、罗姆共同提出杂化弦理论，这四人被称为普林斯顿大学的"弦乐四重奏"；同年，威滕等人认为超弦理论当中的六个额外维度必须紧化到卡 - 丘空间中，从而使卡 - 丘空间成为弦理论研究的热点。

当年一共冒出了五种理论模型，如图 10-14 所示，包括 I 型、Ⅱ A 型、Ⅱ B 型、杂化 32 型、杂化 E×E 型，这五种理论模型的方程对应许多不同的解，每一个解都有一个性质不同的宇宙。

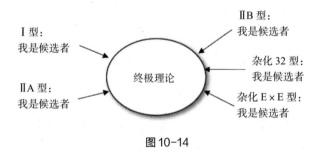

图 10-14

之所以出现如此多的超弦理论模型，其根本原因在于这些理论模型利用了微扰的方法。我们在第 6 章已经求解了最简单的例子——无限方势阱，我们看到量子力学的方程只有在很特殊的情况下才能求解。轮到粒子物理乃至弦理论时，方程的阶次越来越高，情况越来越复杂，这时候必须用微扰这种近似的方法。当求解高阶方程时，往往先考虑其一阶近似，利用近似出来的结果再求解更精细的结果。

上述超弦理论模型也是利用微扰的方法求解方程的。然而，不同的人会采取不同的近似法，即利用不同的微扰方法，这使得弦理论方程形式繁复，不同的方程相差很大。

一个有望成为终极答案的理论，居然会冒出如此之多的模型版本，连看热闹的人也觉得不靠谱了。到了 20 世纪 90 年代初，超弦理论的发展再次遭遇瓶颈，人们的热情也有所下降。

10.4.4　第二次革命

经历过 20 世纪初的物理学革命之后，随着相对论、量子理论两大支柱的建立和完善，一大批星光璀璨的大师都离我们远去，当代物理学似乎很难再找到旗帜性的人物了。杨振宁因规范场论的贡献在当代物理学界具有崇高的地位，但毕竟规范场论距今已有近 70 年了。再选一位的话，威滕可以算代表人物。

20 世纪 90 年代初，威滕对当时存在的五个版本的超弦理论模型进行了深入研究，从数学上证明了不同的超弦理论都是同一个 11 维理论的不同极限，他将五种超弦理论模型与 11 维超引力统一成了著名的 M 理论。

图 10-15 反映了五个版本的超弦理论模型与 M 理论之间的关系。

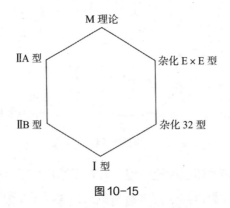

图 10-15

威滕本人具有极高的数学天赋，他于 1990 年获得了菲尔兹奖，是物理学界唯一一名获得数学界最高荣誉的人物。

M 理论是一种建立在非微扰基础上的理论。

该理论对弦理论发展最重要的帮助，是发现一维弦其实隐藏了一个时间维度，当把隐藏的维度伸展开时会形成一张二维的薄膜，正是这个多出的维度使方程不需要再用微扰的方式求解。

多出的那一维时间属于虚时间，没有所谓的开端和终结，而是永恒存在的。

根据 M 理论，我们的宇宙以多层膜的形式存在于一个多层超空间之中。人类能够观察到的空间实际上是以折叠形式存在的三膜空间，剩余的七个维度蜷缩在极小的空间里，以至于无法被发现，这叫作紧致化，如图 10-16 所示。

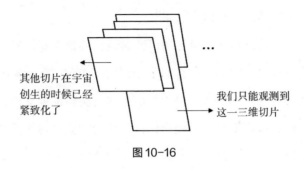

其他切片在宇宙创生的时候已经紧致化了

我们只能观测到这一三维切片

图 10-16

M 理论刚一提出，便在黑洞的研究领域取得了成功。根据史蒂芬·霍金对黑洞的研究，黑洞是宇宙间熵最大的存在，霍金结合统计物理学和量子理论基本原理，推导出的黑洞熵辐射计算公式如下：

$$S = \frac{Akc^3}{4hG}$$

其中 S 代表黑洞的熵，A 为黑洞事件视界的面积，k 为玻尔兹曼常数，c 为光速，h 为普朗克常数，G 为万有引力常数。

M 理论根据弦张力与弦耦合常数的关系，可以分成多种类的胚，其中一类称为狄利克雷胚。弦理论学家发现，狄利克雷胚其实可以解释为黑洞，或者说黑胚，即任何物质都无法逃逸的客体。开弦可以看成一部分隐藏在黑胚之中的闭弦，而黑洞可以看成是由七个紧致维的黑胚构成的。从 M 理论出发计算得到的黑洞熵，与霍金给出的公式完全一致，这被视为 M 理论取得的一项成就。

10.4.5　新发展

1995 年，波钦斯基将数学中最艰深的学问代数几何、范畴论、纽结理论等与弦理论相结合，提出了 D-膜理论，这是弦理论的一个新的版本或者说数学结构，其最大的优点是可以将宇宙的三维结构视作巨大的 D-膜，从而被现代宇宙学纳入理论框架中。

到了 20 世纪 90 年代末，弦理论家族又出现了 ADD 模型，该模型认为现实世界的规范对称作用力（包括电磁力、弱作用力、强作用力）被束缚在 D3-膜上，而引力未被束缚，可以泄漏到额外的维度中，由此可以解释引力与其他三种作用力差异巨大的原因。道格拉斯则根据 M 理论推导出了矩阵理论，这个理论可以将弦理论与宇宙学进一步联系起来。

弦理论作为理论物理最炙手可热的研究领域，还在不断地发展，各种各样的理论模型不断涌现出来，它们在各自的细分领域，如对微观现象的解释、宇宙学的新模型等方面具有各自的优势。目前，由于缺乏实验证据支撑，理论本身还只是模型阶段，而且每种模型都需要接受住自洽性的考验。对于这个新兴的领域，仍然存在很多宝藏待后人挖掘。

10.4.6 预言与验证

弦理论拥有令人炫目的标签：实现理论的大统一，揭示物质的本质，解开宇宙的本源。然而，再好的理论也只有通过实验验证才能成为真理，弦理论也不例外。这个理论创立至今也有近 50 个年头了，近 10 年基本上没有发生重大突破，究其原因，还是验证存在难度。

弦理论为了让自己有机会升格成真理，给出了一些实验方面的预言。

比如，预言存在携带分数电荷的粒子。

我们知道，电子、质子分别携带 -1、1 的电荷，而夸克则会携带 1/3、2/3 的电荷。按照弦理论，世界上会存在一些携带奇异分数电荷的粒子，对应的电荷可能是 1/5、1/11 等。如果能够寻找到这类奇异的粒子，那么也能作为弦理论成立的重要证据。

又比如，预言有超粒子存在。

根据弦振动方式的不同，应当会产生已知粒子的超对称伙伴，这些超对称伙伴拥有巨大的质量，以至于至今尚未在地球及其周边环境里发现。目前最先进的大型强子对撞机已经对弦理论的预言做过验证，但是一无所获。

弦理论研究的空间直径大小不超过 10^{-32} 米，这比原子核还小很多。对于人类来说，以这样的尺度探测弦理论的空间，相当于整个可见宇宙那么大的人，想找到地球上大小不到头发丝直径的百分之一的微生物。弦空间确实太微小了，远远超过人类能够探测的极限。

微观世界的探索现在主要依赖于粒子加速器，目前世界能量最高的粒子加速器是欧洲大型强子对撞机 LHC，其产生的质子碰撞能量达到 14TeV，但即便是这样高的能量，最多不过探测到 10^{-19} 米级别的空间，距离弦理论空间还差着 10^{-13} 的数量级。

既然超小尺度难以得到突破，那么就从超大尺度入手。

弦理论家认为，宇宙暴胀时期极少数当时创生的弦有机会跟着宇宙一同膨胀，到今天，这些百亿年之前的弦已发展成相当大的尺度，从而有机会被探测到。

科学家们主要是从宇宙微波背景辐射图中查找线索的。虽然微波背景辐射显示宇宙总体上异常均匀，但仍然有微小的温度起伏（差异在 10^{-5}K 的量级），这种微小的差别，在星系形成中至关重要。其中的一些差别，有可能是宇宙弦存在的证据。这里要提一下，微波背景辐射分布图对于科学家而言是一个富矿。2006 年，诺贝尔物理学奖被授予给了约翰·马瑟和乔治·斯穆特，这两位科学家在研究 1989 年的 COBE 卫星获得的图谱后，发现了背景辐射的黑体形式及各向异性的特征。一代又一代卫星获得的背景辐射图越来越清晰，能够提供给科学家的价值也就越来越大。

弦理论及其发展出来的超弦理论、M 理论诞生至今已有近 50 年，其理论框架不断发展，目前已形成一个比较完整的知识体系，但这个理论仍然是一个年轻而值得研究的物理课题。其讨论的内容是物理学最为终极的话题，研究的客体则隐藏在 10^{-35} 量级的极致微小空间中，因此在一段时间之内，很难形成理论物理、实验物理的齐头并进，这对弦理论的确造成了前行的困难。

随着人类微观世界探测能力的提升，以及弦理论自身的发展，有朝一日这个终极理论的候选者有可能大放光芒。汤姆逊也打算把弦理论作为自己攻克的方向之一，他的希望，就是能够提出更加方便验证的预言，从而与人类的实验水平相匹配。

第11章

和阿兰·古斯一起看星空⋯

真空的奥秘

转眼到了大四。

索菲亚找到了一份实习工作，准备提前为工作做准备。汤姆逊则将更多的精力投入研究之中，未来打算继续读博。他渴望在浩瀚的知识海洋中游弋，也许某天运气好可以找到一座属于他的宝岛，然后挖掘出知识的宝藏。

这座小镇位于北方，十月末天气就变冷了，寒风不知道从什么地方刮来，把校园里的小树吹得一摇一摆。同学们纷纷穿起了厚衣服，毛衣、风衣这时候都得登场了。还有一个重要问题，那就是喝水问题。在教室里倒一杯水，不一会儿工夫水就冷了，喝到嘴里冰冰的，十分不舒服，而且容易引起感冒。

周六这天索菲亚不实习，她和汤姆逊来到教学楼自习。索菲亚从背包里拿出一个保温杯递给汤姆逊。

"天气冷了，用这个保温杯吧，以后就可以喝到热水了。"索菲亚说。这个水杯是她用实习工资买来的，价格不菲。汤姆逊感动不已，他轻声说道："谢谢你。"有了这个保温杯，以后每次喝到热水都能想到她，说起来真是个不错的礼物。

汤姆逊观摩了老半天，发现水杯的壁很厚，应该是中空结构，也就是中间被抽了真空，这才起到了保温作用。

"说起真空，到底什么是真空呢？"汤姆逊随口问了一句。

"啊，真空，那不就是什么都没有吗。在数学上，就相当于零。"索菲亚已经习惯了汤姆逊经常性地问些奇怪的问题。

"哦，好吧，相当于数学上的零。不过，最近学习的内容告诉我，可能真空并不是空空如也，它只能近似地等于零，但是比零还是要多的，说不定是0.01。"汤姆逊很认真地说。

"0.01？这个说法倒是挺新鲜的呢。"索菲亚捂着嘴笑，觉得汤姆逊的说法很有趣。

11.1 沸腾的真空

11.1.1 真空不空

1654年，德国马德堡市举行了一个著名的实验。

时任马德堡市市长当众为两个黄铜的半球壳垫上橡皮圈，再把两个半球壳灌满水后合在一起。之后把水抽干，使得两个半球之间形成真空的环境。市长找来八匹高头大马想要把两个半球拉开。随着他的一声令下，马儿们朝两边发力拉扯，就好像在拔河一样。实验的结果是无论马儿们多么卖力，两个半球也无法分开。这个实验是有记录以来第一次关于真空的实验，让人们认识到真空是如此的奇特。

在大气环境中存在强大的气压，但真空环境的压强就趋于零了。在太空环境里，不仅压强趋于零，温度、物质密度统统趋于零，那里漆黑一片，没有光，没有热，没有物质，什么都没有。真空就像它的名字一样，代表着空空如也，长久以来，甚至没人愿意多花点时间来研究它。在人们的观念中，真空大概可以理解成一个背景舞台，电磁波、宇宙射线在其中自由畅行。地球表面的大气层，是在真空的基础上增加了氧气、二氧化碳等这些分子，从而使地球的大气有了内涵。地球大气层给人的感觉，就好像是零加一个实数的结果，其中零就是那个真空。

然而，真空真的是零吗？

量子力学里有个经典的不确定性原理：

$$\Delta p \times \Delta q \geqslant \frac{\hbar}{2}$$

$\hbar$ 是约化普朗克常数（等于 $h/2\pi$），Δp 为动量变化量，Δq 为位置变化量。不确定性原理揭示了物质的动量与位置并不是精确存在的物理量，进入微观世界后，这种不确定性越发凸显。不确定性是一种基本原理，跟仪器的精密度是没有关系的。不确定性原理还可以换一种表达式：

$$\Delta E \times \Delta t \geqslant \frac{\hbar}{2}$$

这个式子就厉害了！

ΔE 是能量的变化量，Δt 是时间的变化量。当时间的变化非常短暂，如达到 10^{-34} 秒时，则单位元空间至少会有 1 焦耳的能量变化；如果时间变化再短暂一些，达到普朗克量级的时间变化（10^{-43} 秒）时，则空间当中至少会有 10 亿焦耳的能量变化。不确定性原理表达式的符号是大于等于号，这意味着"至少"的概念，也就是说，普朗克量级的时间变化有可能产生远远超过 10 亿焦耳的能量变化！大到什么程度呢？很难说。

这种不确定性关系在本宇宙的各个角落都在发生，无论空间中是否有粒子存在。也就是说，真空中在极短时间内，会有巨大的能量起伏，巨大的能量会瞬间转化为物质粒子，但刹那间又消失。虚空粒子此起彼伏地出现又消失，就仿佛一锅沸腾的汤，这就是量子涨落。

在微观的普朗克时间尺度，真空每时每刻都在剧烈涨落，这就是所谓的真空不空。在宏观尺度，瞬时间出现又消失的物质粒子整体无法被感知到，但无数次偶然总会诞生必然，即极个别创生的物质粒子没有在极短时间内消失，而是留存下来了。这种效果就使得真空具备了创生粒子的可能。在浩瀚无边的宇宙真空环境里，这种粒子创生的过程大量发生，又会在漫长的时间演化中形成粒子的聚集，最终形成可见天体！

看到了吧，这就是零创造一的过程。虽然概率极小，但在极广阔的宇宙范围内，极小概率的事件每分每秒都在真实上演。

11.1.2　创生之力

我们的宇宙诞生于 138 亿年前的大爆炸。

从常识来看，一次爆炸总归是在一个确定地点发生的事件，然而，我们无法找到这样一个所谓的"爆炸点"，它没有留下足够的可观测的证据。事实上，科学家们认为宇宙大爆炸与街头鞭炮炸开是两回事，这种过程不是在确定空间中出现一个爆炸点，然后扩散开来的，而是空间本身就是由这次爆炸产生的。大爆炸之前，空间这个词没有意义；大爆炸之后，所谓的爆炸点已不复存在，所以追问爆炸点将毫无意义。

不存在爆炸点的问题，但爆炸点本身应该是存在的吧？正是这个没有空间大小的"点"，演化出今天宇宙的一切。这样一个点是如此奇异，因此被命名为大爆炸奇点。20 世纪 60 年代，霍金和彭罗斯对奇点问题做了理论探讨：

只要满足几个不算苛刻的条件，那么初始奇点不可避免，这便是奇点定理。

与此同时，当空间尺度极其微小时，量子理论会占据上风。根据不确定性原理，粒子的位置和动量不可能同时测准，这一理论在解释极早期宇宙时是占据支配地位的。有了量子效应，那么奇点又似乎是可以避免的。

到这里可能学得有点晕了，实际上，物理学精英们也纠结于极早期宇宙是量子宇宙还是相对论宇宙的问题。现在主流的观点是干脆不要讨论奇点问题，因为它的存在性都成问题。我们只知道，在宇宙诞生的第零秒到某一个极短的临界时间，广义相对论不适用。这一段时间属于不可惹的时间，没有办法做出理论探讨。

关于临界时间的大小，物理学家用三大常数——光速、引力常数、普朗克常数构造出：

$$t_p = \left(\frac{Gh}{c^5} \right)^{1/2} = 10^{-43} \text{（秒）}$$

这便是临界时间，也称为普朗克时间。我们可以这样理解宇宙的大爆炸的过程：在极短的时间里（普朗克尺度之下），$t \to 0$，$E \to \infty$，巨大的真空潜能得到集中释放。根据质能关系 $E = mc^2$，能量将转化为物质。经过亿万年的演化后，最终形成了我们丰富多彩的世界。

换言之，真空能很可能就是本宇宙的创生之力！

11.1.3　暗能量

1929 年，哈勃观测到我们的宇宙处在膨胀的状态中，这种观测结果对过去的宇宙观是一种颠覆。在经典物理学看来，宇宙的星体相互之间存在万有引力，那么理论上应该相互靠近才对。然而观测结果显示，星体正在相互远离，而且远离的速度越来越快。这就非常奇怪了，是谁提供了宇宙加速膨胀的动力呢？

现代宇宙学是由爱因斯坦创立的，之后在伽莫夫（热大爆炸理论的提出者）、阿兰·古斯（暴胀理论的提出者）等人的完善下，在哈勃（发现宇宙膨胀）、彭齐亚斯与威尔逊（发现宇宙微波背景辐射）等人为代表的实验科学的推动下，最终形成了被广泛接受的标准宇宙模型。根据标准宇宙模型，宇宙加速膨胀是由暗能量导致的，暗能量占宇宙总体构成的约 68%，剩余的是 27% 左右的暗物质及 5% 左右的可见物质。根据宇宙目前的膨胀速度估算得到的暗能量密度为（1erg=10^{-7}J）：

$$u_{暗能量} \equiv \rho_c \Omega_\Lambda c^2 \approx 6 \times 10^{-9} \text{erg cm}^{-3}$$

其中，ρ_c 为临界密度，Ω_Λ 为宇宙学常数，c 为光速。其实，这是一个非常小的能量密度，但考虑到宇宙的广阔无边，总体上就能发挥极大的作用，推动宇宙加速膨胀。

暗能量到底是什么呢？根据它的名字就能猜到，科学家们根本不知道暗能量是什么，所以名字头一个字是"暗"。目前关于暗能量能够确定的是：

（1）不发光。

（2）压强 p 接近于 $-\rho$，且小于零（负压），即起到推动宇宙加速膨胀的作用。

（3）空间分布上基本均匀。

暗能量目前的最佳候选者是真空能，因为真空能是一种真实存在的、弥漫宇宙全空间的能量，然而，真空能的密度约为：

$$u_{\text{真空}} \approx \frac{2c^7}{\hbar G^2} \approx 10^{115} \text{erg cm}^{-3}$$

关于真空能的密度还有其他的估算，一般认为至少达到了 $10^{111} \text{erg cm}^{-3}$。

真空能比暗能量大了 120 个数量级！

这可能意味着真空能被某种负作用机制抵消了，而这种负作用在 119 个数量级内与真空能的大小一模一样，只是第 120 个数量级有所差异，差异的部分形成了暗能量，并导致了宇宙按照目前的加速度膨胀。如果真是这样，那么这种微妙的差异简直令人难以置信。

总而言之，过去观念中空空如也的真空，其实蕴含了巨大的能量，很可能是本宇宙的创生之力，以及宇宙加速膨胀的推手。如果有一天人类能利用真空的能量，那么将会获得比核聚变还强大、还普遍存在的能量。

11.1.4 万物皆零

在所有数中，零无疑是最特别的。零与任何数相乘都是零，任何数与零相加都不会发生变化。更重要的是，零是一切整数的开端，没有零，就没有后面的 1、3 乃至无穷大。

从数学的角度来看，零很重要；从物理学的角度来看，零似乎才是事物的原貌。

从空间的角度来看，物质一般都是由原子构成的，但原子当中 99.99% 的空间都是空空如也的，剩下那 0.01% 的空间由原子核占据。但原子核也并非实心小球，而是由中子、质子构成的，中子、质子进一步由夸克构成。目前，人们已经发现夸克还可以分解成上夸克、下夸克等结构。我们有理由相信，上夸克、下夸克也并非实心的，技术先进到一定程度就可能进一步分解它们。如此看来，如果真的存在"实心的""不可分割"的最基础结构，其体积加总也将非常非常小，几乎可以忽略不计。肉眼看到的物质，其绝大部分空间都是空的，不妨说成，实际的总体积就是零（或者趋近于零）。

从质量的角度来看（我们在第 9 章进行了探讨），其实所谓质量可能只是一个虚幻的感受，是粒子在希格斯机制下获得的"可测量"。

地球上的人们会感受到重量，这个概念是与质量密切相关的，质量乘以重力加速度（9.8 米 / 秒 ^{2}）就可以得到重量。在推敲轻与重的概念时，我们需要与物体所处的引力环境相结合。同样的物体在地球上显得重，在月球上就只剩 1/6 的重量了，在太空环境里就完全感受不到重量了，即物体在太空里是漂浮的状态。所以说，所谓的重量其实不存在客观的、绝对的指标，而是对引力强弱的感受。

说到引力，爱因斯坦的广义相对论将引力证实为一种几何效应，就是物质往往按照最长世界线运动，由此造成地球围绕太阳运转，月球围绕地球运转。感兴趣的读者可以进一步查阅广义相对论的书籍。换言之，引力的本质并不是什么数值的大与小，而是几何效果。

说过了空间、质量、引力这些概念，我们再来看看时间。四方上下谓之宇，古往今来谓之宙。对于"宙"，牛顿经典力学认为存在绝对时空，即宇宙具有绝对的、放之四海而皆准的时间轴，随着时间演进，宇宙万物相应演化。然而，爱因斯坦告诉我们绝对的时空是不存在的，在不同的运动坐标系、不同的引力环境下，时间流逝的速度不一样。极端情况下，黑洞视界的时间流逝相对于我们而言，就是完全静止的状态，时间永不流逝。相对论是除量子理论外，20 世纪物理学的另一大支柱，其伟大之处就在于帮助人类重新建立了时空观。相对论的出现，使人们开始重新审视时间。其实，时间只不过是人类自己创设的概念，地球上的时间概念可以帮助人们厘清事件的前因后果，但在遥远的外太空，地球上的哪一年、哪一月、哪一天就失去了意义。在宇宙中不同的地方，都会有自己的时间轴，而这类时间轴仅仅是为了记事方便。

讨论了这些内容，我们似乎有种"虚无"感，似乎一切都只是我们的"感受"，而非"客观实在"。经典物理学中的客观实在已经被现代物理学所颠覆。在经典物理学家眼中，构成物质的基础是实心小球（原子），质量、引力和时间都是客观存在的物质属性。我们在第4章讨论过，经典物理学家会把表象当成本质，如看到衍射与干涉就认为必然是波。到了现代物理学，人们才知道很多参数（如速度、动量、位置等）都仅仅是测量结果，是物质在某个条件下展现出来的可测量结果，这种测量结果并非物质的全貌。至于说物质本身的全貌是什么样的，直到今天科学家们也没有研究清楚。就拿最简单的电子来说，人们对电子的认知只是知道它的带电量、自旋及其他各种属性，但电子本身是什么样的，是实体小球、丝网结构还是没有结构，则根本无人知晓。

在某种意义上，"虚无"或者说"零"，占据了物质世界的主体！

11.2 万物一体

11.2.1 细品"万物皆零"

当我们回过头来审视"零"到底是什么的时候，我们发现零并不简单！我们必须把看起来是零的事物放大、再放大，放慢、再放慢，如图11-1所示。

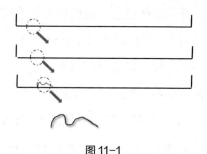

图11-1

一开始看起来像零的事物，如果非常仔细地观察，并且借助仪器来不断放大，或者在时间层面上放慢，很可能发现其并不是零。

在相当长的时间里，真空被当成零。然而我们在第10章中已经看到，真空里每时每刻都存在量子涨落，仿佛是一种沸腾的状态。在无限接近普朗克尺度的时间内，能量涨落可以是一个巨大的值，在无数次的涨落过程中，会有极小的概率自发生成粒子，也就是说，空空如也的真空能够有偶然的机会创造客观世界里的物质，这种过程在宇宙的各个角落、每分每秒都在上演。这就是零创造一的过程。

除上述过程外，我们的宇宙本身就来自"零"，就是 138 亿年前大爆炸的结果。把时间倒推 138 亿年，那时候宇宙没有时间，没有空间，什么都没有。然后不知道什么原因，不知道在什么地方，就出现了剧烈的大爆炸，进而创造出整个丰富多彩的世界。宇宙创生机制相比真空创造物质的过程要伟大得多，也难研究得多。今天的人们无法取得足够的资料，也没有足够强大的理论武器，来破解宇宙诞生之谜，但有一点可以肯定，那就是宇宙真的来自"零"（大爆炸奇点）。

11.2.2　从一到三

有了从零到一，那么从一到三的过程就容易理解得多，那就是不断地自我复制！

说起来大自然有点儿"懒"，一个复杂的物质构成竟然是用自我复制的方式生成的。其实大自然不光这件事"懒"，光沿直线运动，物体沿世界线运行，最小作用量原理甚至对称性，无一不表明大自然那些自发的过程就是偷懒的过程，就是怎么简单怎么来。或许存在某个平行宇宙，那里的自然规律是怎么复杂怎么来。但复杂好还是简单好呢？相信读者有自己的判断。

言归正传，基本粒子通过自我复制与组合，最终形成复杂的质子与中子，质子与中子相结合形成原子核。虽然宇宙中存在氢、氦、碳、氧、金、银、铜等至少 100 多种元素，但它们的原子核都是由质子、中子构成的，换言之，丰富多彩的元素本质上只是质子与中子的数量不一样而已，都是质子与中子进行复制的产物。

各种原子通过自我复制与组合，最终形成复杂的分子。比如两个氢原子与氧原子结合，就形成了水（H_2O）；一个碳原子与两个氧原子结合，就形成了二氧化碳（CO_2）。这种组合的效果，会产生液态的水与气态的二氧化碳这样截然不同的物质形态。

分子也在自我复制与组合，从而构建高分子结构。当高分子结构复杂到一定程度时，将会形成细胞这样的生命单元，从而由无机物跨向有机物，使得生命诞生。

细胞进一步自我复制与组合，最终可以形成复杂的生命体。简单的生命体为细菌等微生物，高级的生命体则是大型动物、植物等，更进一步则是人类这样产生自我意识的生物。生命体在生长过程中，也有自我复制的手段，比如花菜就是不断地自我复制，每个小结构都是上一层结构的复制，最终形成一个整体。

生命存在的形态也是自我复制，那就是"生老病死"四个字。生命体的寿命是有限的，它们通过繁殖的方法，将遗传物质 DNA 进行复制，母代生出子代。当母代的生命无法继续下去时，就由子代承继未竟的事业，然后子子孙孙不断重复。生命的循环已经延续了好几亿年，我们这代人清楚地记得父母年轻力壮时的状态，但此刻他们已经逐渐老去。再过几十年，我们孩子眼中无所不能的父母，又会重复上一代走过的路。生命的复制与循环，是现代人类逃不出的圈，或者说生命创设之时就已经被设定好了。

11.2.3 从三到万物

如果说复制是从一到三的过程，是从简单到复杂的关键，那么从三到万物也有独特的奥秘，那就是"微扰"。

对于三体这样的结构，极度微小的扰动，就可以带来系统巨大的改变。对于比三体更加复杂的体系，微扰能够产生更加巨大的威力。

"蝴蝶效应"每时每刻都在发生，任何一个系统里的"小蝴蝶"扇动一下翅膀，就能够导致这个系统往完全不同的方向发展。这种结果一方面带来多样性，让我们的世界变得缤纷多彩，让每一个个体变得与众不同；另一方面，则带来自然选择和进化。当众多可能性同时呈现在面前时，必然有一些与当时的环境相适应，于是就发展壮大了；另一些则不能够适应环境，于是就自然终止了，这个过程实际上就是进化。对于生物系统，达尔文已经系统地进行过阐述；对于宇宙系统，进化论同样适用。某些粒子的产生，某些宇宙参数的演化，某些宇宙结构的形成，其实都是进化的结果。

部分科学家提出过平行宇宙的观点。假如真的有平行宇宙，那么应该也会遵循自然选择的规律。一开始差不多的两个宇宙，由于某些微小参数的微小差别，导致在演化过程中走向了不同的方向，一个宇宙蓬勃发展，另一个则回到奇点。最终，适合发展的宇宙留存了下来，那些不适合的则消失不见。目前看来，我们的宇宙就是那个适合发展的主体，存续至今已约 138 亿年，仍然没有任何迹象表明它会在可见的未来终止。

11.2.4　万物融为一体

从形态来看，万物分成波与粒子，科学家经过几百年的探索，最终发现波与粒子是一体的，只不过有时候显示波的属性，有时候显示粒子的属性。

从维度来看，万物运行在三维的宇宙和一维的时间中。狭义相对论告诉我们，时空是一体的，时间和空间相互影响，互为一体。

从宏观与微观角度来看，宏观的事物适用相对论，微观的事物适用量子理论，两大理论最终在黑洞奇点这样一个奇异的事物中相遇。

从对称性角度来看，微观粒子全都满足不同层级的对称性要求，当对称性发生破缺时，会导致弱相互作用。我们所感受到的质量，实际上就来自对称性破缺。

随着科学探索的深入，人们发现万事万物无论是怎样的形态、怎样的维度、怎样的结构，最终都会融为一体。大统一理论正在路上，将来分析和研究事物有望使用一个理论。

结语

　　索菲亚不久后就要毕业了，汤姆逊也要继续深造。四年下来，他们俩已经习惯了对方的存在，习惯了一起自习，一起走在被路灯照亮的校园小径上，一起出游，一起参加社团活动。然而，天下没有不散的筵席，索菲亚离开校园是既定的事实，她将开启象牙塔之外的新生活。

　　值得庆幸的是，索菲亚没有离开这座城市，忙碌的工作之余，两人仍然可以见面，仍然可以交换彼此的生活、学习、工作心得，这让汤姆逊甚为欣慰。

　　两位主人公都走在人生道路的起步阶段，未来的路没有完全设定好，一切都需要靠他们自己的努力和争取。或许某只"蝴蝶"扇动一下翅膀，就会改变一生。不过他们对自然科学的喜爱不会改变，他们同窗的经历也不会被忘却。汤姆逊和索菲亚终将踏出校园，用自己的知识去影响现实世界。祝愿他们俩有所成就。

后 记

本书的创作灵感来自黎曼猜想及其求解过程，笔者意识到纯粹的数学其实已经不知不觉地渗透到了现实生活中，或者说投影到了现实生活中。除黎曼猜想外，真空能、质量的产生、对称性的应用都深深地震撼了笔者，我们休戚与共的世界真的不是那么简单的，里头蕴含了许多深刻的道理。

此种情况下，笔者决定撰写本书。

笔者本人并不是从事理论物理或者数学研究的人员，而是一个从高中时代就对自然科学非常热爱的"票友"。工作十余年后，时时刻刻都想回归到数学或者物理相关的事情中来，总想把所学所思所想与同样对基础科学感兴趣的朋友们分享。

在创作的过程中，笔者查阅了大量参考文献及书籍。

部分书籍是由科学家撰写的，虽然哲理非常深刻，站的高度非常高，但是科学家担心普通读者无法理解深邃的概念与公式，因此采用散文形式来描绘尖端科学。这样当然有助于普及科学，但如果反复阅读的内容只有散文和哲学，看不到云山雾罩当中到底隐藏着什么，那样的结果就是公众自以为了解了科学，实际上却与科学离得非常遥远。

另一类书籍则是高校出版的教材，这类书籍严谨、确切，内容上拥有从概念、公式、推导到结论的一套完整体系。虽然教材能够帮助人们真正地了解物理学与数学的内涵，但是阅读起来十分费劲，往往为了看懂一本书，得首先看懂至少三本基础知识的书籍，对于并非从事科学研究或者学习的人来说，比较难以完成阅读。

在这种情况下，本书作为一种中间层的书籍，既能够用通俗易懂的语言、形象的图形来描绘深刻的物理和数学内涵，又能够适当地切入定量分析，从而拉近科学与公众的距离。

由于笔者自身的水平有限，对 20 世纪物理界取得的辉煌成就认识得不够深刻，对当代数学与物理学前沿的认知更少、更浅薄，与此同时，理论之高山并非静止不动，而是越来越高，越来越艰险，全世界那么多优秀的人才不停地堆高科学的高山，所以本书最终的效果也仅仅是描绘了一小部分自然科学的成果，介绍的知识点、科学界的伟大人物都比较少，而且其中一些内容讲得比较浅，只有个别内容涉及得比较深。如果读者感兴趣，欢迎与笔者交流，对于某些特别有趣的内容，我们可以做进一步的探讨。

参考文献

[1] 舒姆 B A. 物质深处：粒子物理学的摄人之美 [M]. 北京：清华大学出版社，2016.

[2] 卢昌海. 黎曼猜想漫谈：一场攀登数学高峰的天才盛宴 [M]. 北京：清华大学出版社，2016.

[3] 井孝功，赵永芳. 量子力学 [M]. 哈尔滨：哈尔滨工业大学出版社，2012.

[4] 曹天元. 上帝掷骰子吗：量子物理史话 [M]. 北京：辽宁教育出版社，2011.

[5] 瑞德尼克 B И. 量子力学史话 [M]. 北京：科学出版社，1979.

[6] 戴维斯 D C. 超弦——一种包罗万象的理论？ [M]. 北京：中国对外翻译出版公司，1994.

[7] 丘成桐，纳迪斯 S. 大宇之形 [M]. 长沙：湖南科学技术出版社，2018.

[8] 格林 B R. 宇宙的琴弦 [M]. 长沙：湖南科学技术出版社，2002.

[9] 俞允强. 广义相对论引论 [M]. 2 版. 北京：北京大学出版社，1997.